U0138567

Piotr Feliks Grzywacz——著　蔡昭儀——譯

摩根士丹利、Google培訓師的職場能力開發建議

未來最需要的新人才

目次

第二章　活到老學到老，隨時更新自己

第三章　決斷靠直覺。迅速行動，做出結果

第四章　會議、團隊的安排要從成果反推

第五章　以短跑的節奏管理體能

第六章　充分活用人才的企業做法

前言

在摩根士丹利意氣風發的我，爲何瀟灑脫去西裝？

自從在日本工作，我每天都穿著西裝。我二〇〇六年進入摩根士丹利時，也是照常穿西裝、打領帶上班。當時，每次看見大白天穿著 T 恤在路上閒逛的人，我總會產生一點莫名的優越感。

當時金融海嘯還沒出現，金融業界一片蓬勃。在外資金融公司上班的人都領著高額獎金，非常自傲，而我看著自己一身的名牌行頭也不免飄飄然。他們還認定那些穿 T 恤、短褲上街的人都是收入不穩定的打工族，跟自己不同等次。過去的我也抱持著同樣的偏見。

但如今我已完全改觀。一切都在我進入 Google 之後有了變化。

當我接到 Google 的邀約，第一次拜訪時，我一如往常地穿著西裝前往。雖然早有耳聞「不要穿西裝去 Google」，但我心想如果只是因爲穿西裝去面試而不被錄取的話，這種強硬的公司不去也罷。

「不好意思，我穿西裝來了。」

我還記得面試時我的第一句話就是開這種玩笑。

到 Google 面試所受到的衝擊

面試我的是一位工程部的主管。蓄著一頭長髮，沒有特別造型，身穿一件舊 T 恤，戴著大大的眼鏡，滿臉雜亂的鬍鬚。根本就是我向來鄙視的形象。

然而，當對話開始的那一刻，竟完全顛覆了我的印象。對方雖是工程師，卻接二連三、敏銳地針對人才培育提出非常核心的問題。

這時我才明白穿不穿西裝根本不是重點，理解到自己過去竟有這麼嚴重的偏見，並且浮現這樣的直覺——「如果是這家公司，我應該能做些有趣的工作」！

Google的服裝規定是Wear something。簡單說，就是隨便穿什麼都可以，不要全裸就好。Google的職員都覺得「T恤比西裝帥氣」。進Google後，我也開始愛穿什麼就穿什麼了。

在矽谷，穿西裝的人早就沒有行情了。像Facebook或Google的經營者，還有那些在新創公司上班的人，純粹以工作績效論勝負，追求的是「從零開始，創造新的價值」，這與身上穿什麼毫不相關。

憑外表判斷人或工作的時代已經過去，現在我們已經進入以更大的視角去思考「如何工作、如何生活」，並且必須要懂得隨機應變的時代。

日本傳統菁英的悲哀

過去的傳統菁英，像是一種固定的「地位」。

從名門大學畢業，就頂著「○○大學畢業」的頭銜，一輩子以學歷菁英自居。又或者當上大學教授也能永遠在學術界保有菁英地位。若是進入上市公司，也會一直是菁英職員。大致上都是這樣。

但從另一方面思考，傳統菁英沒有成長的空間。一旦來到頂端，就不用再向上。這其實是很悲哀的。

針對引領今後時代的人，應該會出現不同的定義。比起拘泥於「現在」的地位，更重要的是原本的位置與現在的位置有何差別。換句話說，**我對成功的定義是「能夠持續成長」**。

舉例來說，上班族努力實現創業的夢想，即便是發展很小的事業，都算是值得令人仰望的成功。就算是小公司，勇於轉換跑道，做自己眞心想做的工作，也是一種成功。

在一定的期間中，比較大家的成長狀況，即使不被認定爲成功人士，但實際上其中還是有成功人士。應該這麼說，認定他們是成功人士的時代即將到來。而我將這樣的人定義爲新菁英。

其實我根本不是菁英

一九七五年，我出生於波蘭，當時波蘭還是社會主義國家。我想利用一點篇幅，介紹一下當時的情形。

波蘭有超過九成的國民信奉天主教，而天主教卻是共產黨政權打壓的對象。由於蘇聯的施壓，天主教會幾乎快被消滅，民主化運動因而興起，政府為了鎮壓這場運動，於一九八一年十二月起實行戒嚴令，由軍隊接管國家。

因為經濟被封鎖，食物改為配給制，超商裡只擺著麵包和醋，人們為了搶購為數極少的肉品必須大排長龍。後來又發生很多事情。萊赫・華勒沙等人努力推翻鐵幕是在一九八九年，當時我才十四歲。

共產體制底下，所有人都一視同仁。就算商店裡沒有商品，每個人都還是有工作，只是無論多努力，薪水也不會改變。這就是我對「工作」的最初印象。

在我住的鄉下小村裡，通常大家就是在職業學校學了一技之長，然後到工廠或農家工作。幾乎沒有人上高中。因爲就算大學畢業，在共產主義下一律平等，還不如有一門好手藝，可以獲得比較好的待遇。但我就是想上高中，因爲我認爲世界一定會有很大的改變。班上只有我一個人想繼續升學，大家都覺得我腦筋不清楚，「上高中要幹嘛」？

一九八九年波蘭實現了民主化，轉變成資本主義社會，人們都以爲就要過好日子了。然而，現實可沒這麼簡單。資本主義時興企業重組，西方各國的企業紛紛以資本家之姿進入波蘭的地方公司，進行企業重組。

「重組」說來好聽，實際上卻造成諸多的地方問題。假設一個人口五千人的小鎮，有一家雇用一千人、與地區緊密結合的社區型家族企業。這樣的公司利潤雖然不高，但幾十年來都維持了鎮上居民的生計。

而資本家來到這種公司擔任新社長，準備重新整頓公司。原本家族企業在經營上的確有管理鬆散的地方。新的管理講求效率，人力被大幅縮減。有些事業甚至以「不賺錢」爲由，乾脆出售求現，也有公司因此倒閉。

想像一下，五千人的小鎮上，一家可以雇用一千人的公司沒了。許多雇用當地居民的國營工廠，被賤賣給民間，或是拱手讓給鄰近的德國企業。原本工人們滿心期待外資進駐工廠，薪水肯定比較高，結果卻令人大失所望。德國企業將收購的波蘭工廠一一關閉，再傾銷德國生產的商品。

我的村莊失業率一口氣飆升到將近一〇〇%，兩個哥哥因此失去工作。大哥最後還因長期失業而染上酒癮，在一次酒醉時發生車禍喪生。

十八歲時，家裡實在沒錢，我只好放棄升高中，離家到德國去工作。我在那裡工作一天就可抵父親兩、三個月的薪水，這幾乎完全否定了我們過去對生活的認知。我不僅震撼，更堅定相信自己一定要有所改變。

後來我回到波蘭完成高中學業，拚命工作、賺取學費，大學畢業後又念了三所研究所，也去了國外的大學。我會來到日本也是爲了到千葉大學研究日本人的消費行爲。

我曾經感到自卑，不管在 Google 或是之前的摩根士丹利。因爲同事都是有錢人，而且他們都是以優異的成績，從史丹佛大學或哥倫比亞大學畢業的超級菁英。我們根本沒有共通的話題。他們沒有人曾經因爲家裡沒錢而不能上高中；聊起家族旅遊，他們說的盡是開遊艇到南島度假之類的話題，對我來說完全是另一個世界。直到最近，我才終於能抱持平常心，對別人說起自己的成長環境。

在後資本主義社會，能無中生有的人才是成功人士

共產主義輸給了資本主義，這一點我非常清楚。**那麼，資本主義眞的贏了嗎？我並不這麼認爲**。資本家或經營者並不關心爲公司工作的人。勞工犧牲了自己的夢想或家人，像奴隸一樣把時間耗費在公司裡。每當我想到故鄉的那個小村莊和早逝的哥哥，就會覺得是資本主義所造成的結果，不禁悲從中來。

公司應該要幫助員工生活得幸福才對，我衷心希望能將這個想法推廣

到社會每個角落。

死去的兄長因爲社會體制和世界潮流的變動，而喪失了人生意義，他無法在改變的世界裡找到自己的安身之所。而我卻認爲如果世界改變帶來了新浪潮，那就要好好思考該以什麼姿勢和態度才能乘上這股潮流。人的一念之差會使人生產生重大的改變，所以我常勸許多人多思考工作的意義，或是公司的存在意義。

再回到現代的日本。

對日本人來說，對所謂菁英的印象似乎就是「自名校畢業，進入股票上市的大企業，此後平步青雲」。但是，即使進到大企業，還得看五年內能否被選爲核心成員，這才是決定菁英／非菁英的關鍵。這就是現實。

這樣的印象對照我的成功定義：「持續成長的人」，有很大的偏差。即使脫離出人頭地的模式，即使不進大企業，甚至不就業，人都還是有機會成功的。

利用所謂「金錢」的資本、經營事業的資本家，與藉由勞動獲得等價「金錢」的勞工，這兩者同時存在才形成資本主義。資本主義的社會底下，資金雄厚的資本家握有權力，而獲得較多報酬的勞工就是菁英。所以大企業的經營者，或得以進大企業上班的人才算是成功人士。

但是，金錢只是人們價值交易的手段之一。就算沒有錢，只要在網路社群連結多數人，就能在這樣的基礎上創造商機。現在，運用大資本以外的各種創業管道，有許多有魅力的事業正在興起。

換句話說，資本主義社會已走向末期，後資本主義社會即將到來。**未來領導時代的人，將是建構後資本主義世界的人。**

我幾乎每天都會遇到完全有別於傳統菁英的人：

「剛出社會三個月就辭掉工作、創業的人」

「為公司賣命結果罹患憂鬱症，絕望之下斷然辭職，回歸社會後脫胎換骨、發揮所長的人」

「一邊上班，一邊從事藝術工作的人」

他們積極創造新價值，在從零到一的意義上，都站在同一個起點工作。他們主動想要改變世界。

有很多種改變世界的方法，「因爲好玩」「單純只是想做就做」「自己非做不可」是他們共通的態度。

再看如今爲世界帶來影響、改變世界的Google或Facebook這些企業，**「改變世界」的遠大目標與「樂在其中」的動力是可以兩者兼顧的。**

我們公司將平時接觸的商界人士分成五個層級：

①變革層（對社會施展魔法，實際擁有掀起變革的影響力）

②實踐層（「這麼做或許會改變」「就這麼做吧」，反覆實驗並研究改進）

③思考改變層（雖然會思考「非變不可」「怎麼做才能改變」，但沒

有執行力或勇氣不足）

④察覺層（「不能再這樣下去」「但又不可能像Google一樣」，知道問題所在，卻半途而廢，缺乏行動力）

⑤溫水煮青蛙層（滿足於現狀，完全沒有察覺改變的必要）

有可能性的層級是「③思考改變層」以上，而「①變革層」的人正是新菁英，而手上正拿著這本書的你，應該不會是「⑤溫水煮青蛙層」。那麼，你現在在哪一層呢？你是否有「①變革層」的意識和自覺呢？

變化總是突如其來，為下一個可能做準備

我想說的是，你現在覺得理所當然的世界，其實一點都不理所當然。家人可能被迫拆散，公司也不一定永續經營，國家和社會甚至有瓦解的風險。

變化會突如其來，我們不能阻止，也無法逃避。正因爲如此，我們必

	傳統菁英	新菁英
性質	重視私欲	利他主義
期望	社會地位	影響、社會貢獻
行動	計畫主義	學習主義
人際關係	封閉的（歧視）	開放的（創造社群）
思考方式	謹守規則	創新原則
消費行為	炫耀式消費＊	極簡主義

＊為了引人注目的消費。為了取得社會威信而消費高價商品也屬於「炫耀式消費」。

須學會接受、順應、享受變化。

世事無常、瞬息萬變，我們要隨時爲下一個可能做好準備。以改變爲前提而行動的人，可以柔軟的應付任何意料之外的情況。

變化總是伴隨風險，但沒有變化也是風險，**現在的環境永遠不變只是一種幻想而已**。

所以說，每個人都必須爲自己的改變做好準備。

本書將要介紹所謂領導未來的人有什麼樣的價值觀、從事什麼樣的工作、過什麼樣的生活。

希望我所傳達的訊息，能夠多少引發想要改變自己、能樂在工作、想要改變社會的人一點點迴響。

第一章

如何定義二〇二〇年代的「成功人士」？

你準備好被炒魷魚了嗎？

第一個問題是：你準備好被炒魷魚了嗎？

接下來的時代，你要先預測自己現在的工作能持續到何時。當「那一天」來臨時，你必須做好準備隨機應變。

十九世紀的美國，有一種行業叫 Ice harvest，就是切割天然冰塊、銷售全球。家庭拿這種冰塊來冷卻食物。當時社會上已經流行生產或效率這類字眼，而產業革新已經建立了可以迅速切割冰塊和快速流通的機制。

然而，就在這項產業發展得如火如荼之際，一群對這個產業完全外行的人，用製冰機器在工廠生產冰塊，從此大家一年四季都可隨時買到冰塊。而這也導致切割天然冰塊販賣的業者再無立足之地。

值得注意的是，竟沒有一家天然冰塊的切割業者成功轉型爲製冰工廠。

而且，這個行業更是不斷推陳出新，不久後，在家就能製冰的冰箱便問世了。

一個行業的主流技術被完全不同的技術所取代，過往的生意遭受毀滅性的打擊。其實這種破壞性的創新早已行之多年，並非現在才開始。只是二十世紀之後，類似的案例日益增多，到了ＡＩ時代的今天，幾乎每天都在發生。

我來介紹兩個現代的案例。

首先是Airbnb和凱悅集團（Hyatt）。Airbnb是一個提供一般住家或物件註冊、出租的網站平台，不問個人或法人，從共用空間、整棟住宅、公寓，甚至連私人島嶼都有。

Airbnb問世後，一下子就躍上飯店業的頂尖。短短幾年時間，市場價值已超越凱悅集團三倍之多。

另一個案例是Uber。Uber是除了計程車司機之外，一般人利用自己的閒暇時間，以私家車爲他人提供乘載服務的平台。自二〇〇九年公司成立之後，很快就遍及各地，目前在全世界八十四個國家、地區，超過七六〇個城市營運。在歐洲甚至有計程車司機因擔心失業發起罷工或暴動，而 Uber 司機遭到攻擊的案件更是層出不窮。

英國曾經於一八一一年至一八一七年發生過盧德運動（Luddite movement）。時逢工業革命，機械設備日漸普及，手工業者、勞工因害怕失業，便群起破壞機器。一般認爲對 Uber 的攻擊正是沿襲這個運動，甚至稱之爲「新盧德運動」。**我們現正處於媲美工業革命的巨變時代**。

成立製冰工廠的人、發明冰箱的人，再到 Airbnb 或 Uber，這些都可稱爲先鋒，他們有一些共通點：將看起來荒謬的點子發展成事業、創造新的行爲模式、把新思維帶進競爭激烈且已經飽和的市場、不先考慮收益、創立者沒有經驗……等等。

今後的時代，存活下來的人才是？

人類的工作模式一直在變化。採集天然冰塊的時代是生產經濟，該時期以肉體勞動爲主，講求服從與勤勉。

但是，到了知識經濟的時代，要求專業性和智慧，如今前述的工作都可委外成事。

未來的工作模式是創造性經濟的階段，得以在這個時代生存的人才和企業，是那些從無到有，創造出新價值的人們，他們需要熱情、創造性和搶得先機。

社會因數位化而促進民主，若不能堅定個人的核心主軸將會非常辛苦。一般人要求公司或社會給予保障，但這些在未來都必須靠個人的力量去推動。

行政也要從無到有。個人必須思考該如何成功，即使是官僚體系也要講求創業精神。

我們不妨先從行政體系和民間今後要怎麼合作開始。以愛沙尼亞爲例，這個人口一三〇萬的國家認爲行政就是服務人民。現在只要上網申請，就可以成爲愛沙尼亞的虛擬住民，日本人也可以登記公司、加入保險。

未來預計將會有更多這種國與國之間的競爭。接下來的世界，人們最好依自己的意願，決定要去哪裡比較好。

我舉一個頗具象徵性的例子，一個非洲馬賽族的朋友伊曼紐爾·曼庫拉（Emmanuel Mankura），他從小學習馬賽人獨特的求生術和領導力，現在正致力於將這些智慧介紹到先進國家去。

馬賽人原本爲保護他們的獨特文化，極力迴避與文明世界接觸。但如今，他們自覺未來的生存之道不能逃避世界的變動，便決定一改過去的態度，轉而走向國際化。

伊曼紐爾要族人「打破禁忌」，踏入「新境界」。現在馬賽人會讓孩子上學，女性也有受教育的權利，他們還廢除女性割禮的陋習、禁止與他

今後工作模式的階段

2020年的成功人士將創造2025年代

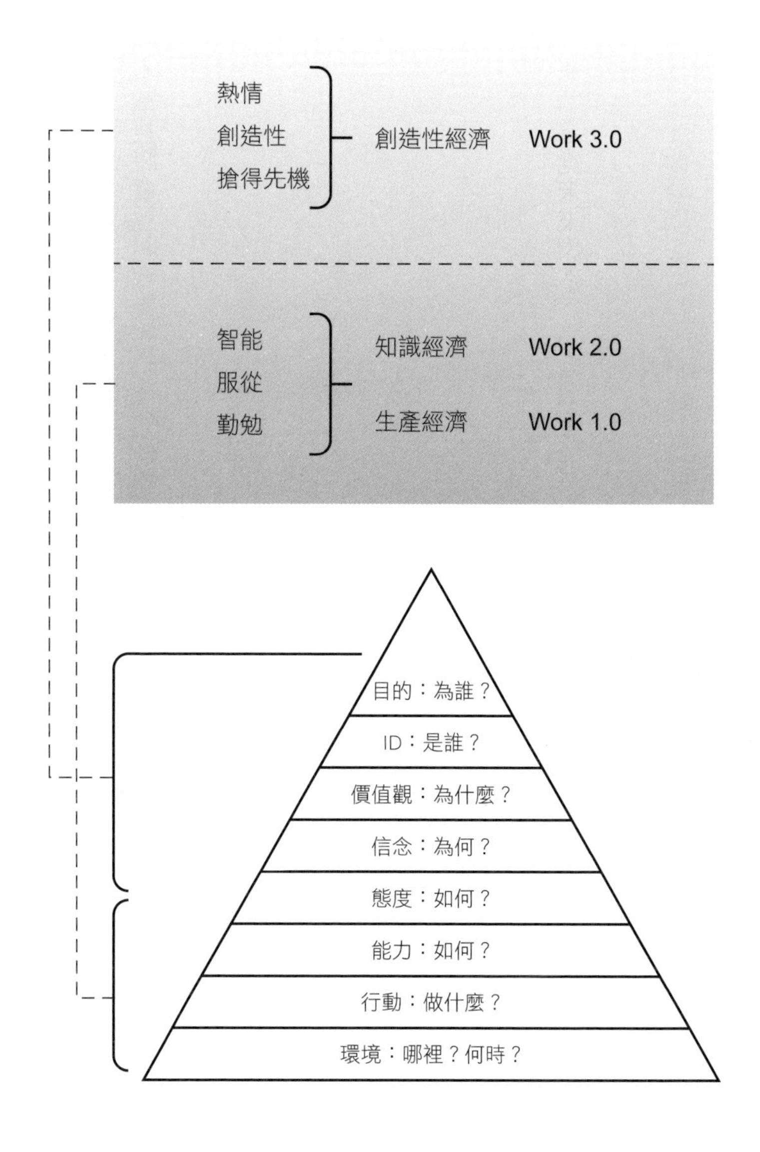

族爭戰等，積極改進昔日的文化。

變革是躍動的，在時代當中求生就是要懂得變通。

本章我將會說明今後的時代如何變動，以及從零創造新價值的人們。

我們無法預言未來，但現在就可以創造新的工作

哈佛或東京大學的畢業生中，從祖父母那一輩就是哈佛、東大畢業的菁英家族比比皆是。這些人世代從同一所中學、高中畢業，也出自同一所大學，從父母手中繼承家業，或是成爲醫生、律師。

富裕的家庭投資教育毫不手軟，讓孩子進名校，照著菁英模式一路成長。我無意否定這種模式。

但現在因產業自動化、外部資源應用，或是人工智慧的盛行，社會面臨傳統工作模式的急速變動，甚至也發生工作被消滅等現實問題。

舉例來說，律師在一般人的認知裡，是個社會地位崇高的菁英職業。要成爲律師必須經過司法考試的難關，有志於此的人，只能潛心鑽研既有的法律條文。對各種法律融會貫通，才能參考過去的判例解決問題。這是

律師長久以來受到尊敬的能力。

但是這些工作因人工智慧得以自動化，現在已有應用軟體可以在開庭前精密搜尋數千件訴訟摘要或判例，美國知名軟體公司賽門鐵克（Symantec）的服務更號稱兩天能分析超過五十七萬件的檔案，這樣的效率已非人類能力所及。

看來新進律師的工作將會被人工智慧所取代，至少律師助理（律師祕書、法律事務員）的工作很可能即將消失。

十年前的律師工作內容與十年後的應該大相逕庭。說不定未來根本是不需要律師的時代，爲了當律師進哈佛法學院或東大法律研究所的資歷或許因此再無用武之地。

期望剛出世的孩子「進好大學、好企業」根本毫無意義

美國杜克大學的凱西・戴維森（Cathy Davidson）教授曾經說：「二

〇一一年度入學的美國小學生大學畢業時，將有六五％會從事現在尚未出現的工作。」

而在英國牛津大學研究人工智慧的麥克．奧斯本（Michael Osborne）副教授則發表了他的預測：「在未來的十～二十年，美國總勞動人口中，約四七％的工作有極高的風險會轉爲自動化。」

日本也經常看到關於「人工智慧將造成工作消失」的報導。

我自己也時常被問到：「二十年後會是什麼樣的世界？什麼職業可以存活下去？」我們或許能夠解讀先機到某種程度，但要準確預測未來是不可能的。

所以說，寄望剛出世的孩子「考上好大學、進好企業工作」完全沒有意義。

我們或許可以說「十年後全球化一定會加速進行，趁現在學好英文」，爲將來準備很重要。然而，這也可能徒勞無功，因爲或許十年後自動翻譯的技術普及，國際共通的英語也不再值錢了。

躋身「大企業職員」或「律師」的資歷，可不保證十年後也能平步青雲。反過來想，現在看似被屏除在「菁英軌道」之外的人不見得就沒有未來，我們必須先認清這一點。

目標不是東芝，而是Apple

在預測未來潮流的同時，自己創造新的潮流也很重要，亦即我一再強調的從無到有。

過去日本人投注心力在由一到十，將既有的工作發揮得淋漓盡致。最具象徵性的是日本電信電話公司NTT等，就是過去所謂的「三公社五現業」*，以及東京電力或東京瓦斯這類的公共設施企業。

這些企業在營運上有國家的高度參與爲後盾，員工心態大多偏向公務員。因爲電費、瓦斯費由國家決定，企業本身並不需要怎麼努力。而且，如果原油價格上漲，電費就會連帶上漲，這種修正型的事業形態早已行之有年。

這些企業將賺取的利潤以投資設備的形式回饋給日本的電機廠商，促使電機廠商帶動日本經濟。而現在面臨經營危機的東芝和NEC就是以這種方式成長的企業。

我個人感覺現在的日本與江戶時代沒什麼兩樣。將軍做出決定，各藩的諸侯就去執行。過去的藩主現在變成地方政府，或藉旋轉門條款轉任的官員（而且，通常不具有長遠的眼光），因此地方長官大多來自官僚。

儘管麥克阿瑟將軍致力於將土地歸還人民，重視個人主義，但是官僚卻以減反政策（稻米減產）削減國民自立的能力。又傾全國之力推動工業化，加速地方人口外流、國有財產增加，以及人口減少的現象。這是我的

＊三公社為「日本專賣公社」「日本電信電話公社」「日本國有鐵道」等三項公共企業體；五現業則是指「郵政事業」「國有林野事業」「國營印刷事業」「造幣事業」「酒類專賣事業」等五項國營企業。

觀感。

因此，**日本國力正在衰退的今天，接受退休官僚轉任的企業自然會陷入危機**。所謂國力就是指人口。

正如軟體銀行社長孫正義曾經主張不要再讓教科書業者製作教科書，而要改成 **iPad**，以國家爲主體推動什麼都沒有用，眞正思考該怎麼做的人不起身而行，是不會有任何改變的。現在，東芝正面臨經營危機，公司召集有想法的年輕族群，試圖跨越組織的框架，讓公司起死回生。我對此感到充滿希望。

Apple、軟體銀行這些企業原本就是從零開始，不提供新價値就無法與現有企業競爭，所以他們的宿命就是必須經常革新。如此成長的企業，基本上的態度、立場就不一樣。

傳統企業是要任憑新潮流擺弄？還是脫離現行模式，創造新潮流？必須自己選擇。

思考國家被淘汰的可能

話說回來，以上都是我預設ＡＩ化在日本可能的發展，但事實眞會如此演變嗎？**問題不是ＡＩ化會不會發展，而是「日本是否能夠承受變化」**？人口持續減少，來自外國的勞工增加，但這些勞工有一天也會爲自己國家的發展而離開日本。到時候引進ＡＩ技術，想在日本推廣事業的企業會有多少呢？引進ＡＩ技術的企業都前景可期，他們能否找到非得以日本爲據點的理由？

我認爲很不容易，環境必須有所改變。

現在的時刻或許該思考：「日本是否有脫胎換骨的覺悟？」而不必再問：「是否做好被炒魷魚的準備？」

迎合公司求生存，不如走出去開創新路

以我對日本大企業上班族的觀察，從二十五到三十歲年代可分為「碰壁的人」和「越過高牆的人」。

許多大企業很早便開始篩選大學一畢業就進公司的員工。舉例來說，新進員工進公司幾年就會選出核心成員，透過以「次世代幹部研習」為名的課程培育接班人。其他員工大約在二十五到三十歲時，就會察覺自己被排除在核心成員之外。

「同期的同事被徵召去參加集訓，自己卻乏人問津，看來是升遷無望了……」

我常聽到這些人被排除在升遷軌道之外，大受打擊且茫茫不安。他們脫離軌道的瞬間，工作表現也一落千丈。想必是感覺前途渺茫，乾脆自暴自棄了吧。

但其實就算在公司沒有升遷機會，也還有其他許多路可走。再怎麼說，才二十五、三十歲就放棄未來，實在太可惜啊！

換句話說，你只是沒有符合公司訂定的規格，與其委屈自己迎合公司，不如自己開創新的道路。

社會上現存的升遷軌道已漸漸褪色，看看ＩＴ產業裡，迪吉多（ＤＥＣ）、康柏電腦（Compaq）等曾經風光一時的企業，現已消失蹤影。這眞是所謂的盛衰榮枯。

反觀現在成功的企業，你會發現都不是和同業競爭的企業，而是「開創新事業的企業」，例如Google、Facebook、Airbnb、Uber等。

成長最多的企業開創了新事業，並且在沒有競爭的市場獨占鰲頭。

我們試著想想轉換職業的經歷吧！公司內部的升遷競爭之所以有價值，單純只是公司爲了維持營運穩定。在這樣的環境下所培養、累積的經歷，一旦產業或公司沒了，馬上就形同白紙。

而另一方面，創業是只有自己才能勝任的工作，發展新事業或以企業內創業獲得成功的人，都是跳脫公司框架發揮所長的人才。

或許有人會說「那些很厲害的人都只是少數，跟我這種在傳統日本企業工作的人一點關係也沒有」，但真是如此嗎？你覺得在現在的環境下，不能有什麼新挑戰，應該只是一廂情願的想像吧。

觸角延伸到本業以外，創造新價值

日本企業發現再不改變就無法生存，現在已經開始改變工作方式。我收到許多希望增加企業內創業的公司諮詢，也有企業積極推廣副業。將觸角延伸至本業以外的經驗，對創造新工作有很大的幫助。

我相信再過不久，就會有許多企業採取類似 Google 的二〇％自由時間制度（上班時間的二〇％可以自由運用。詳細內容請參考拙著《Google 神速工作術》）。

例如，可以觀賞全世界美術品的APP「Google Arts & Culture」就是源自二〇%自由時間制度所產生的服務。相信日本的企業會積極在環境上，打造讓員工勇於嘗試挑戰主管或公司認同他們「値得一試」或「有助於個人成長」的事物。而能否因應這種變化，創造出新價値，也會是今後提升資歷的關鍵。

我來介紹個例子，在Sony服務，也是株式會社Hapi Kira FACTORY董事長的正能茉優小姐。她在大學時代便成立了公司，提供地方點心這類商品「可愛」形象包裝企畫的服務，最近更參與日本郵政公司故鄉包裹的企畫業務。

她認爲要兼顧工作、家人、朋友、戀愛對象、興趣等等，盡可能發揮「自己一小時的價値」很重要，爲此，她必須讓自己成爲獨一無二的存在。她平時白天在Sony上班，Hapi Kira的工作則是利用早晨及下班後、週末的時間進行。

「說也奇妙，當公司接納我以這種方式工作的時候，我就覺得幹勁十足，一心想報答公司，認真地思考『一定要讓Sony再度成爲世界頂尖的公司』。」訪談時她這麼說。

認同員工的副業，對企業是有加分作用的。

初學者的強項

想要創造新價值就必須要有「初學者的心態」。

我在Google負責人力、組織開發時，有很多人希望二〇%的自由時間可以「到彼優特的團隊工作」，也有其他人以輪替的方式來參加我的團隊，爲期三個月。例如，業務團隊的人來我的團隊三個月，一起進行專案計畫。已經有好幾次這樣的經驗。

我發現透過這樣的合作，大家都會重拾初學者的新鮮感。業務團隊不是人力開發的專家，正因爲如此，他們才能擺脫陳腐的思考和偏見，柔軟地發揮創意，一針見血指出問題。他們就曾經實際回饋我「人才培育制度這樣做會更好執行」的意見。

在創造新價值時，這種「初學者心態」非常重要，因爲初學者不會墨守成規，能發揮超乎常識的想像力。

想要提升自己的資歷，就不要局限在業界狹隘的思維裡，應該以更寬廣的視野，思考自己的技能要如何發揮。

社群也是一種武器

說到在公司或業界之外尋求發展而成功的人，我最先想到的就是沼田尚志。

沼田一方面在日本雅虎的社會貢獻事業本部服務，同時也在其他各種企業團體擔任要職，堪稱是個「超級創新者」。

他曾經在十五歲時罹患原因不明的腦中風，昏迷了三年。後來雖然恢復意識，但頸部以下仍然行動不便，語言能力也大幅衰退，又在家休養了三年。據說現在身體的右半部仍幾乎不能自由動作。

他後來發憤考上大學，畢業後進入某大通訊公司，但在公司裡人緣不佳，促使他向外尋求認同，四處參加活動或研習會，逐漸拓展人脈。

不久後，他竟成爲一個集結數百名商業人士的組織「Shin-Bizi」的主辦人。公司和主管都沒有注意到這個社群的價值，但他仍然每晚舉辦聚會，繼續拓展人脈網絡，創造出新的價值。日本雅虎關注到他的成果，力邀他加入。

如今他的能力已獲得各界認同，隸屬於日本雅虎社會貢獻事業本部的他，還擔任包含一般財團法人 Japan Giving 的首席情感官（Chief Emotional Officer）、株式會社ＩＤＯＭ動起來日本人的實驗室顧問（Lab Fellow）、株式會社 Brilliant Solution 的執行董事、Qetic 株式會社的顧問（Fellow）、株式會社 Dot Life CIO 等十一家公司的要職。在公司以外建立社群，從這裡創造新的契機，他眞可說是這項創舉的先驅。

領導時代的人才會創造「自己想看見的世界」

未來領導時代的人才，心中都有著明確的願景，也就是對未來的想像，「希望描繪出這樣的世界」「想看到這樣的世界」。

爲了創造「想看見的世界」，他們會找到自己該做的事，而這就是使命，並貫徹執行。

具有強烈想要實現願景的意志，遠比討論願景容不容易實現更重要。只要懷抱著實現願景的能量（熱情），就一定會出現志同道合的人。有明確的願景、使命，又有付諸實現的熱情，這樣的人終將有所成就。

我看看四周，那些有魅力又有成就的人，他們心中都有明確的願景、使命及熱情。「想打造這樣的世界」「想設立這樣的公司」「想做這樣的工作」，他們清楚知道自己想要什麼，這股熱情也會感染身邊的人。

仁禮彩香是一個很好的例子。仁禮在十四歲、中學二年級時，就以「兒童爲兒童創造未來企業」的理念，成立了株式會社 GLOPATH。公司從事小學的營運，及與企業共同開發商品等各種事業。

她的願景很明確，「將兒童的創意新點子付諸實現」「打造宏觀未來的學校」「由小孩來支援大人的夢想」。

她在小學時期就有想要創設學校的初始經驗。她當時無法忍受只容許一種答案的學校，便懇求過去就讀的幼兒園校長「爲我創立一所小學」。

校長答應了她的要求。她看到大人爲了孩子的未來付諸行動，因而長大後也決定創業。只要有明確的願景、使命和熱情，即使是十四歲也能創業，也能贏得別人的支持。日本也不是毫無可取之處啊！

把別人拉進來，一起實現願景

願景和使命都不是專屬於自己一個人。「想要讓世界變得更好」「想要拯救苦難的人」——這樣的願景不可能是一個人悶著頭想就能解決。前面介紹的仁禮也不是從頭到尾一個人單打獨鬥。她與一起創業的夥伴互相截長補短，不同世代的人同心協力成就一個大事業。

她現在已經二十歲，心中的願景是打造一個能夠培養靠一己之力、開拓自己人生的世界。爲此，她正著手創立一個新的未來學校。我也在今年有幸爲她的學校創設計畫貢獻一點棉薄之力。

懷抱遠大願景並著手實現的人，總是會吸引身邊的人一同參與。他們將「想看到的世界」描繪得引人入勝，感動身邊的人，得到共鳴，吸引氣味相投的夥伴。

回顧歷史，過去以遠大願景帶領人們走向未來的是宗教導師。例如，眞言宗的開山始祖空海，他從中國帶回最先進的土木技術，成就了讚岐國

（香川縣）滿濃池修復工程的偉大功績。這可說是空海的願景打動了許多人，具有吸引身邊的人響應加入的力量。

我的願景是「打造每個人都能實現自我的世界」

我的願景是打造一個讓大家都能實現自我的世界，爲此我每天努力工作。看到參加過我的講座，或是讀過我的書的人反饋的意見，與我自己想要傳達的「自我實現」不謀而合。這表示世上所有人都相信實現自我追根究柢就是「生命最根本的意義」。

在自我實現的道路上，有「自我認識」「自我開示」「自我表達」三個過程（詳見第二八一頁）。首先，要深入了解自己，然後向身邊的人說明。接著，透過自我表達，對身邊的人傳遞價值。每個人都能夠以自己的方式，表現所長或嗜好，例如烹飪、程式設計、藝術、寫作等。

有人擅長照顧別人，例如長照或育兒；有人喜歡教別人；還有人從銷售商品獲得滿足。

人藉各種表現，對社會有貢獻、贏得他人的感謝，這便是自我實現。

當我們理解**自我實現等同於爲他人貢獻**，就能明白自我實現不是只靠自己完成，也不是自我本位的行爲，而是必須與他人交流才可能成立。

重視自我實現的人會磨鍊技能，會心懷願景和使命感，會發揮實現自我的熱情。他們時時刻刻都在思考如何學習、發揮。

他們不會自滿於現狀，總是在摸索更好的方法。若感覺在現在的工作上無法成長，他們便承擔風險，當機立斷決定轉行或創業。

自我實現雖不是與生俱來的天分，但不論是誰都可以爲自我實現而改變，這樣就可能懷抱願景、使命和熱情。

讓 Google 成長的使命

矽谷有越來越多爲解決社會問題或環境問題而發展的商業型態。只要解決社會發生的大問題，就可能獲取巨大的利益，進而獲得更多的投資或支援。

藉著這種商業型態而成長壯大的企業代表正是 Google。Google 以「不作惡」（Don't be evil.）的口號成長至今。簡言之，Google 的使命在於蒐集金融、政治、教育等一切資訊，並讓全世界的人都可以連結使用。

例如，若非洲的孩子有智慧型手機，就能搜尋各種資訊。就算政治局勢動盪、學校環境不佳，也可以學習，再利用學到的知識去改變社會。

正因爲 Google 有這樣的使命，才獲得全世界的支持。

在日本也有孫泰藏推動的 Mistletoe 計畫。Mistletoe 就是「槲寄生」植物，這個計畫有點類似提供創業支援，但卻又與衆不同。最值得一提的做法是，與擁有技術或創意的創業家們「共同創業」。從產品開發、資金調度，到拓展業務都共同進行。

Mistletoe 尤其關注糧食和少子高齡化等難解的社會問題。孫泰藏認爲這是「過度的資本主義所致」，並試圖修正。他是個有強烈使命感的人。

人不能完全預測未來，但可以自己創造。現在這些獲得大眾支持而成長的公司，其共通點是，他們都想創造未來。孫泰藏的 Mistletoe 計畫也是其中之一，還有後續會再詳細介紹的 Space X 正在發展的火星移住計畫也是。

解決世界「正面臨的問題」很重要，但穿越時間、創造未來的計畫也同樣重要，因爲後者讓我們產生明確的使命。

你有什麼使命呢？

你的使命將如何改變世界呢？

享受新工作方式的兩個標準

每當我提及新的工作方式，就一定會出現這樣的聲音：

「那是Google才能這麼自由，日本的企業根本想都不用想。」

不過，無論身處什麼職位，都還是有實現自我的空間。**重要的是，你對自己工作上的產出是否感到驕傲？還有，產出工作成果的過程中，你是否樂在其中？**

說起新的工作方式，大家的印象可能是「善用最新科技的人」。科技固然重要，但也只不過是其中的要素之一。在矽谷從事與新科技相關的人並不等同於以新的工作型態自我實現的人。

世界頂尖的藝術經銷商ALBION ART負責人有川一三與我有業務往來。他們公司的使命是「將珠寶的美與感動的世界，創造爲傳承千年、對人類有貢獻的文化」，他們在世界各地舉辦珠寶展覽等文化活動。

與日本傳統文化和技術有關的領域中，有許多人正在實現自我。日本的傳統文化和技術一向是全世界注目的焦點，也獲得各界許多的支持。在我看來，從事傳統工藝品，或與花道、和服相關工作的人，都非常有創造力，他們對自己的表現充滿自信，更能樂在其中。

日本是先進國家，它有單純靠文化活動就能獲得報酬的市場。有好的成品，就能夠賺取足以成立事業的收入。

舉例來說，甜點師傅在國外大多不受肯定，生活也不寬裕，但日本的和菓子職人或和食料理人卻是社會大衆尊敬的對象。

即使不是生產者和工匠，也還有以評論歌舞伎或和服爲業的人。他們之中，有許多人在討論自己喜歡事物的過程中，就可以賺取報酬。就我所知，比起法國、義大利的文化相關從業人士，日本有更多在文化領域上創業的人。

文化相關的工作具有打動人心、心魂的力量。簡單說，很容易製造感動。所以，從事文化相關工作比較容易能實現自我，也可以從工作中感受到幸福。

或許原本在日本文化中就比較容易能在生活中實現自我，只是隨著以大企業爲主流的職業觀點增長而逐漸消失。我相信將來日本人會重拾追求自我實現的生活。

你的工作成果對誰的幸福有貢獻？

爲工作成果感到驕傲、享受工作過程的關鍵，在於看到接受者的笑容和喜悅。無論做什麼工作，當我們看見對方接受商品或服務時臉上流露的笑容和喜悅，心裡就會湧出充實感。只要知道自己的工作成果對別人的幸福有所貢獻，任誰都應該會樂於工作。

而且，工作成果的價值來自使用者表達的感激，這種感謝與解決社會問題的程度成正比。說得極端一點，若能解決飢餓和戰爭的問題，將會受到全世界幾千萬人的感謝。當然，自我實現由此得到的喜悅也更大。

從事令人歡愉、受人感謝的工作，就更能樂於其中，這樣的人生自然幸福，這就會產生良性循環。

我想起一個「樂在工作的人」，他是西城洋志。西城在二〇一四年離開山葉發動機遠赴矽谷，隔年成立了新公司山葉汽車風險投資實驗室和矽谷實驗室（YMVSV）。他的構想是創立一個與山葉既有領域完全不同的「第三個山葉」，在當地組織團隊，進行機器人騎乘重型機車的計畫。

他的目標是「讓世界更多采多姿」。他的野心是希望豐富世界多采多姿的價值。他的思維跳脫了日本人主流只重視單一的正確答案，相當吸引我。

如果感受不到自我實現，就只能二擇一

在大企業服務的人多半不清楚自己的工作表現有何意義，或是對誰產

生影響。因爲分工太細，他們只在很狹隘的圈子裡工作。

每次我拜訪大企業，若遇見臉色黯淡的人，當下的氣氛就會變得沉重。常有人這麼問我：「我的部門不會直接接觸到客戶，所以不知道自己的表現對社會能產生什麼影響，也沒有機會接受別人的感謝。我該怎麼辦？」

如果你在目前的工作中，感受不到自我實現，就必須重新審視工作內容。你應該要減少這類不能自傲於工作成果、無法享受過程的工作，多花點心思在更有價值的工作上。

對於無法突破的人來說，坦白說，我會直接建議對方：「乾脆辭掉工作。」

如果不能滿足於現在的工作，大可以辭職、轉行或創業。**看是要改變現在的工作方式，還是換工作**，就是二選一。

在大企業中，有一種企業內創業，稱爲「entrepreneurship」（創業精神）。「entrepreneur」（創業者）指的是新創事業的負責人和企業內創業家。

創業者隸屬於公司組織，但有自己的願景，並以此號召身邊的人創立新事業，還能利用組織的資源，開發只有企業內創業才可能成立的事業。

這令我想起NTT西日本的中村政敏。中村隸屬於NTT西日本事業設計部門，同時又參與設立一般社團法人「共創實驗室」，目前仍在此擔任負責人，爲許多其他的企業、大學活動等提供諮詢，是一邊在大企業上班又廣泛涉獵的一個好例子。他可說是在公司嘗試沒有人願意做的工作，組織各個團隊挑戰各自想做的事。這些活動與一般人對NTT的印象完全不同。

他負責的「共創實驗室」從各大企業、地方自治組織、大學等地，號召了既優秀又特殊的有力人士，組成社群相互支援，對外部的網絡也是廣伸觸角，每天接受來自產業界、學術界、政治界的各種諮詢。

中村與沼田都提供了連結人與人的新價值，一面在大企業服務，又同時組織外部的社群或網絡，可謂由此誕生革新的先驅。這或許就是一種二十一世紀的工作型態。

無論如何，只有埋怨卻不付諸行動，是不能帶來任何改變的。

只爲了賺錢不是自我實現

並不是所有的自我實現都與商業有直接關連。只要能創造新價值，在任何自己有興趣的藝術創作、公益活動、社區活動中都能夠實現自我。

我認爲無論最終是否能獲得金錢報酬，只要是爲世界提供價值的所有行爲，都稱爲「工作」。只要別人接受、感謝我所提供的價值，都是與實現自我相關的偉大工作。

有人在家裡實現自我。全職的家庭主婦也有能樂於展現成果、擁有自信的人。

養育孩子和熱愛巧克力都可以實現自我

我認識一個年輕女孩，大學畢業後就進入外商企業，待了三年左右便辭去工作。她夢想改變日本的語言教育，現在正投入語言教學企畫及籌辦學校的活動。

她之所以關注語言教育，是奠基於父母從小希望她精通英文、西班牙文和中文的養育經驗。基於她父母的教育方針，在她七、八歲時，父母便拜託中國朋友安排她到上海的小學就讀。她在那裡學會中文後，又到加拿大；高中時代又去墨西哥。每隔兩年就去當地的學校學習。這是一般日本家長想都沒想過的教育方式。這使她精通了三種語言，也充分培養出她的國際觀。

她的母親在教養孩子的過程中，爲自己的孩子提供了價值。這就是非常了不起的自我實現。

另一方面，同樣是全職家庭主婦，也有人被幼兒園的媽媽朋友弄得團團轉，自己的時間在預期之外都被奪走了。其實這種人多半原本性格就比較被動。

大學畢業後順利找到工作，一心只想找個長期飯票，以爲結婚是「買保險」可以安穩過日子。

平時白天到時髦的咖啡店悠閒享受午餐，灌輸孩子中學考試要努力用功的觀念，巴望他們能夠進「明星大學」。她們滿心以爲這樣做是爲孩子好，其實只是爲了自己的虛榮。

這樣的生活方式，到底哪裡實現了自我？

我既不肯定也不否定全職主婦，只是覺得實現自我的人才深具魅力。

另一個例子是我的一個朋友，她非常喜歡巧克力，只要跟巧克力有關，她就會去學習。她有將享用巧克力的方法介紹到全日本的視野，現在甚至有人找她舉辦巧克力的品嘗講座。或許這樣的活動會有開創商機的一天。

但就算不能賺錢，這是她自己想做的事，只要有人給予正面的回饋，就已是十足的自我實現。

消費者爲什麼願意投注金錢？

與多人借用或共享物品或服務、場所等的機制稱爲「共享經濟」，例如大家已經很熟悉的汽車共享。其他在網路社群（SNS）上還有個人與個人之間的各種共享服務，較具代表性的例子如先前介紹過的Airbnb，出租自家住宅以獲得經濟上的利益，同時也能造福他人。換句話說，發展共享經濟算是結合經濟營生和社會公益的潮流。

石山杏樹是政府認可的共享經濟推廣大使。她現在隸屬於一般社團法人共享經濟協會事務局的涉外部長，主要負責彙整業界團體對政府的建言，以總務省顧問或厚生勞動省委員的身分參與討論，推動共享經濟的法源整備，扮演政府與民間的橋梁。

石山說：「共享經濟所帶來的最大價值是讓人們從孤獨中得到釋放，這不只是單純的消費行爲，更是讓人感受到與別人分享的幸福基盤。」

社會貢獻與商業結合的時代

社會上已經開始有許多這種公益創業型事業成功的例子。

谷家衛是日本首創的獨立線上壽險公司 Lifenet 生命的創辦人。二〇一三年他成立了「財富設計」公司，提供所謂國際分散投資的理財方案，將投資標的分散到全世界，希望可以分散風險並穩定收益。

他們的願景是結合最先進的金融工程與網路科技，推動金融結構的民主化。提供利用手機操作一萬日圓起跳的服務，讓投資不再是富裕階層的專利，每個人都可以簡單上手。

谷家的另一個事業是，他在輕井澤創立了一所私立學校：United World College ISAK Japan。這所高中採住宿制，招收世界各國的學生，以考取國際性大學入學資格的國際文憑組織認證爲目標。

這所學校最大的特徵是，不僅接受富裕階層的學生，對於經濟上較弱勢的孩子，學校也提供豐厚的獎學金制度，讓他們也有學習的機會。

相信今後消費者對與社會公益有關的商業將有更多共鳴，願意投入金錢的傾向會越來越高。

非洲等開發中國家也有類似的事業正在萌芽。

其中有一個名為 M-PESA 的服務。M-PESA 在斯瓦希里語是「金錢」的意思，簡單說，就是利用手機轉帳或支付費用的行動金融服務。現在，在肯亞支付公共費和教育費、薪資等都可以利用 M-PESA，電子支付已經相當普及。

這項服務由肯亞的電信公司 Safaricom，與肯亞大型銀行之一的非洲商業銀行營運，二〇〇五年開始在肯亞的奈洛比郊外施行前導測試，二〇〇七年啓用轉帳服務。

肯亞人原本擁有銀行帳戶的人就不多，當然也幾乎沒有信用卡。不過 M-PESA 普及之後，大家就以手機取代信用卡了。

此外，來到都市工作的勞工可以輕鬆匯款給住在農村的家人，這也被認爲是 M-PESA 的一大功勞。

甚至，過去借錢只能先在銀行開立帳戶，再辦理貸款，但是現在則可以活用 M-PESA 的小額貸款方式，也就是個人之間的小額借貸。這項服務讓窮人得以周轉資金，互相幫助。

當我們在構思一項新事業時，不能忽視公益需求的面向。我們必須意識到自己的事業如何與社會貢獻連結，新的價值也將由此而生。

若這個世界不用工作也沒關係，什麼才是「成功」？

過去認為成功的程度要看「擁有的資產」，極端地說，就是以擁有多少財富、是不是住豪宅來評斷。

日本和歐洲一樣，一個地域的支配者住在城堡裡，有眾多下屬。他們害怕財產被奪走，所以建造城牆，並派駐士兵防守。雖然東西方文化有些許不同，但男性擁有多名妻妾仍被視為是地位的表徵。

隨著歷史演進，在民主化日益發展下誕生了中產階級，不一定享有權利的富裕階層越來越多。他們不住城堡，而是住豪宅，沒有上百名侍從，但有一名管家。

現在我們還會說富裕階層就是成功嗎？我並不這樣認為。**這個時代所謂的成功，除了永續成長之外，還要看「是否有選擇」。**

現在的人，選擇越多就代表時間和財富越多。有豐富的資金，就能因這些資金而享有更多時間，從結果論來看，就能增加選擇，盡情投入於自己想做的事。

但是，我不認為這種狀態會一直持續下去，因為時間和金錢的必要性正在發生巨大的轉變。創立新事業時，只要有明確的願景和熱情、同伴和技術，甚至資源都會自然而然集結過來。如此一來，沒有資金無法創業，或是時間不夠這些問題，都有旁人可以幫忙解決。人脈會增加選擇。

凡事都要做最壞的打算，說不定日本哪天會發生戰爭。到那時候，成功的定義就變成「存活」了，所以做最壞的打算也非常重要。

不過相較於此，我也會從現實的假設來設想。例如，將來經濟發展到可以建立基本收入這類的制度，每個人都可以過不必工作也不愁吃、住的生活，那時候財富應該就不是成功的指標了。

在不需要工作也沒關係的時代裡，什麼才算成功呢？請試著想像虛擬的情境，我心目中的成功人士有以下幾種人：

「能解決大問題的人」
「能組織社群的人」
「貢獻社會的人」
「跟隨者多的人」

其實這些類型的成功人士已經開始在世界出現了。

創立特斯拉電動車的伊隆·馬斯克正構思著讓人類移居火星的偉大願景，但也因此遭受諸多批判，指責他為什麼不想辦法解決地球上的問題，還妄想搬去火星。

不過，以大局來看，他的想法似乎比較合乎現實。

原本他就是為了解決地球的環境問題，才研發、推廣電動車，但另一方面，他也不排除地球毀滅的可能性。他提出如果地球毀滅，人類還可以在火星生存的方法。這正是先預測還不明確的課題，並設法解決。

一個人做正確的事不是爲錢，但因爲受到大家的支持，結果資金自然就集結過來，這與賺不賺錢根本毫無關係。

受到衆人的認同支持就是正道。把自己的時間專注於做正確的事，產生令人折服的影響力，就會是下一個成功人士。

「創造價值」比「獲得價值」更重要

人是社會性的存在。誰都要在「從他人獲得價值」與「自己創造價值」之間，努力取得平衡。

比起創造價值，更多人熱衷於獲得價值。例如有些人在大企業上班，只是做些簡單的工作，就能領到遠高於平均值的薪水，不僅他們自己覺得「划算」，別人也都報以羨慕的眼光。特別是組織越大，就越難看出單一個人的工作有什麼價值，因此偷懶的人就越多。

但是，比起獲得價值，成功人士更在乎是否能創造出壓倒性的價值。我一點都不覺得在大企業獲得豐厚薪水，卻沒有帶來價值的人是成功人士。他們根本稱不上成功，反而是虛度時間、虛領薪水。

我經常期許自己能創造價值多於獲得價值，像這樣寫書出版也是這麼做的方法之一。如果許多人讀了我的書，並且獲得勇氣，我會非常開心。若有人因此下定決心，想改變公司或去創業，就具有莫大的價值。

僅是一本書就可以扭轉一個人的人生。正拿著這本書的你，或許會因爲這個契機決定轉行或創業。如此想來，寫書的意義就超過賺錢，而這便是擴展貢獻人生可能性的方法。所以，如果你因爲閱讀這本書而得到勇氣，將是我的榮幸。

第二章

活到老學到老，隨時更新自己

只有持續學習的人才能抓住機會

前幾天，我和朋友在東京都的某家店聚餐，席間大家聊起日本人的好奇心。我剛好讀到一篇〈跟全世界相較，日本人的好奇心不高〉的報導，很是關注。報導中引述某研究結果，指出日本人普遍對新事物的學習意願低落。

我和朋友七嘴八舌地討論「日本人是否對學習新事物很消極？若真是如此，原因出在哪裡」？這時一個女服務生剛好過來幫我們倒紅酒。她應該是工讀生，看上去不到二十歲，外表看似偶像明星，服務很俐落，給我們一身積極的印象。我靈機一動把她叫住：「不好意思請問一下，妳喜歡學習新事物嗎？」

一邊創業、一邊打工學習的青少女

接下來的發展讓我們很意外，我們幾個人竟乖乖地聽她「演講」了將近四十分鐘。

她先是回答「我最愛學習了」，然後開始說起自己喜歡學習的原因、正在學什麼。

她的父母都從事譯者工作，她才十幾歲就已經去過美加留學，精通英語。回到日本後，索性不上大學，選擇自己創業，現在和台灣及中國的朋友一起經營外銷日本化妝品到台灣和中國的生意。

「妳已經有自己的事業，爲什麼還特地跑來這間店打工？」

我忍不住這麼問，她給我的回答是：

「因爲我喜歡經營這家餐廳的公司，目前一個星期才上一天班，我已經這樣工作三年了。」

她說在這裡打工不是爲了賺錢，而是爲了學習。在餐廳可以與形形色色的客人聊天。一個十幾歲的女孩，平時生活中不太容易遇見四、五十歲的男性，在這裡可以與他們交換意見，了解他們的想法，是非常寶貴的機會。她還透露過去就曾經和客人聊出生意來。

此外，她也告訴我們，她因此可以接觸餐廳經營的一環，也是學習做生意的機會。

看到這樣的年輕人，我們才知道原來在日本也有具有好奇心、正在學習的人，同時我也相信這個女孩今後就算遭遇各種挫折都會有所成長，她一定能夠成就一番事業的。

日本的現狀是打工族或派遣員工等非正式雇用者多半社會地位低落，但其中還是有人懷著具體目標、積極向上。在我眼裡，這些人遠比那些不求上進的正式員工更加耀眼。

有人選擇能自由運用時間、潛心鑽研興趣的職業，也有人將非正式雇用的工作定位爲學習的手段。

正式員工高高在上，打工族就得卑躬屈膝，這樣的階級排序完全沒有意義。有心想學的人，在任何環境之下都可以學習，他們總是把握所有可能學習的機會。

與其下班後去補習，不如在工作中學習

從現在開始，願意把錢投資在學習上的人肯定會增加。我自己並不認爲一定要取得ＭＢＡ學位，但是平時保持學習，磨鍊自己的技能和生產力是必要的。

我們可以在工作中多加入「學習」的成分。試著以影響大小及學習程度的高低，將自己的工作畫出一個矩陣，分成「影響大、學習多的工作」「影響大、學習少的工作」「影響小、學習多的工作」「影響小、學習少的工作」這四類。

所謂影響大，是指同一時段創造出較多的價值，接近成語「一舉兩得」的意思。

例如，我接受採訪時，工作人員將我的談話做成會議紀錄，可以當作Facebook或部落格的草稿。或是將訪談的錄音上傳到Podcast，若有錄影

看看自己的工作是哪種類別

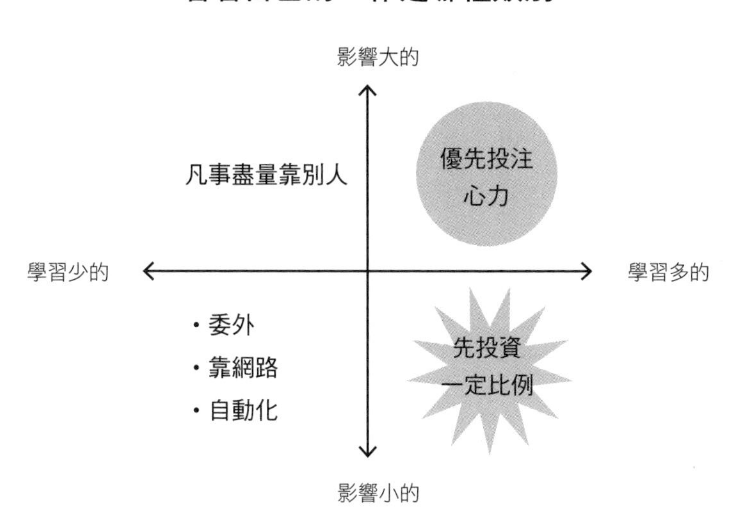

就上傳到 Youtube（當然要徵求對方的同意）。舉辦活動時用 Facebook 直播，就能向更多人傳達訴求。

無論做任何工作，都應該像這樣時時思考如何提升影響力。

優先選擇影響大、學習多的工作

首先，我們當然是要專注於「影響大、學習多的工作」。

「影響小、學習少的工作」未來委外、雲端搜尋、自動化應該會加速發展。借助鄉下或國外的人力，又或者運用科技取代人力的模式肯定會增多。

「影響大、學習少的工作」就像先前我提到的採訪，這類工作都盡可能分派給自己以外的人力。

「影響小、學習多的工作」，可以作爲投資，我認爲工作的三〇～四〇％是用來賺錢，六〇～七〇％則應該爲將來的基礎投資，這樣的分配是最理想的。所謂投資，當然就是學習觀察趨勢，還有與創業有關的事物，和接受媒體採訪等各種面向。安排一定比例「影響小、學習多的工作」，甚至還有提升新職能之效。

為什麼我選擇影響小的「外語」？

外語一直是我學習的主要項目之一，我現在仍同時學習多種語言。

我之所以要學多種語言，其實只是單純想藉著語言與人爲善，也是爲了提升自己的市場價值。

即便只是一兩句外語，都有學習的價值。舉例來說，假設你走進美國的商店，有人用你的母語問候你，相信你會頓時感到安心。同樣的，就算你的英語還很生澀，但仍努力嘗試對話，也能與對方建立互信。這就是語言的效果。

所以我學習各種語言，並且盡量找母語人士練習。這已經成爲我的習慣。

當然，如果能用學會的語言來談生意，雙方的互信也會更加升級。

在日本，許多外國人租房子時都遇到很多障礙，看到外國人就拒絕出租的例子更是不勝枚舉。

不過，如果會說日語的話，際遇可就大不相同。像我就從來沒有被拒絕過，不僅如此，甚至還當上大樓的管委會會長呢！有一次我收到通知去開會，不知爲什麼大家就表決選我當會長了。從沒聽過哪裡的大樓管委會選外國人當會長，我也覺得好玩，就接下這個工作。果然會說日語，自然就讓人覺得可靠。

所以說，想到國外闖盪，外語能力還是非常必要的。

也有人有這樣的看法：「現在都有自動翻譯了，學外語還有什麼用嗎？」若只是把外語看成是一種專長，這個說法也不無道理。但是，學習外語是一起學習這個語言的文化和歷史，懂一種語言可以看成拓展一個完全不同的世界。譬如，我喜歡生魚片。「お造り」＊「刺身のツマ」☆「たたき」◇這類詞彙是我來日本之後才學到的。

但是，我不知道我的母語波蘭語裡有沒有生魚片這個字。換句話說，知道越多自己的母語無法翻譯的字詞，就能學到完全不同的知識。這簡直像是建立新的自我，非常令人振奮。我衷心推薦大家一定要挑戰學習外語。

用APP學外語，與人直接談話

學習的工具很多樣，但網路的重要性與日俱增。尤其現在編寫程式相關的內容，都可以上網學習。市面上，各種學習APP正以驚人的速度增加。

我自己也正在利用許多外語學習APP。現在有很多不借助母語，以視覺爲主的外語學習APP，因爲種類繁多，我一時也整理不完，大家可以試著找到適合自己的使用。

例如，學中文的Pleco Chinese Dictionary。中文有所謂的四聲，也就是四種高低不同的聲調，這個APP用顏色來區分。還可以學到北京話和

＊日文的「刺身」和「お造り」都是指生魚片，只是昔日武家社會爲避免使用「切」這個字，所以關東地區使用「刺身」，關西過去就是使用切魚，所以以「お造り」表示。

☆「ツマ」意指搭配生魚片的配菜、裝飾，希望能讓生魚片主角看起來更美味、豐富，也有一說認爲能幫助殺菌。可分爲三類：つま、けん、辛み，統稱爲ツマ。像是最爲人所知的白蘿蔔絲、芥末、小黃瓜等。

◇一種料理做法。

廣東話發音的不同，以及中國和台灣文字的區別。

博樹（Busuu）和多鄰國（Duolingo）也是我愛用的APP。還有可以收聽到全世界廣播節目的APP，我常常設定想學的語言，就可以邊聽邊學了。

我還頻繁使用Google翻譯，貼上想要翻譯的文章段落，聽翻譯出來語言的發音。只要反覆多聽幾次，就是很好的學習。使用Google翻譯，還可以了解自己感興趣的報導，或經常出現什麼單字的傾向。

另一個學習工具就是直接與人接觸。

我的外語都是與母語人士直接對話學會的。當然，爲了增加單字量，我也會查字典幫助記憶，或是看基礎的文法參考書。不過，到達一定程度後，與母語人士對話是最好的學習方法。

會話時該怎麼造句、要怎麼應對，每種語言都有不同的習慣，所以藉著會話學習最容易理解。

花錢結識專業人士，就是晉升專業的捷徑

我身邊的成功人士大多對金錢不太在意，也有許多極簡主義者。身爲創投公司社長，許多都事業成功、住豪宅、開高級車、享受山珍海味……但我身邊的成功人士大概跟這些印象最搭不上邊。

我的個性也是傾向質樸生活。每天穿的黑衣服（第一五〇頁）也「因爲是黑色」的理由就買了，我完全不考慮品牌、價格。有一次，我沒時間吃午餐，就到便利商店買了飯糰和咖啡，隨便找個長凳坐下來吃，結果與我一起的工作夥伴便說：「彼優特，我一直以爲你是那種非高級餐廳不吃的人呢！」

我在他眼裡到底是怎樣的人啊（笑）。其實我的成長環境很貧窮，不會排斥粗茶淡飯。周遊亞洲各國時，我最喜歡坐在偶然發現的路邊攤吃飯，說眞的，這樣才輕鬆自在啊！

不過，仔細想想，我在學習上的投資比別人要多上一倍。每次遇見有趣、值得學習的人，我都會盡量約對方一起吃飯，好好聊聊。

我幾乎每天晚上都花了不少錢請人吃飯。飯局是絕佳的學習場合，正式的講座或研習固然重要，不過，如果遇到值得學習的對象，一定要找機會好好吃頓飯。

學做生意，應該要找機會接觸有實際成功經驗的人。我自己經常趁著與創業家頻繁的交流，死命地汲取他們的經商手法。**向專業人士學習並實踐，就是最有效率的學習方法**。

遇見成功人士就要打破砂鍋問到底

想向人學習時，我會用接近訪談的對話方式。簡單說，就是要盡量提問。創業的起因、孩童時代的經驗、年輕時的經驗、價值觀、信念、使命、挫折……從各種角度打破砂鍋問到底。

前幾天在一個經營者的聚會上，我旁邊剛好坐的是三明治名店FUNGO的社長關俊一郎，我們聊了許多。他已經在東京三宿經營三明治專賣店FUNGO二十二年了，還有位於青山、橫濱等地的蘋果派專賣店GRANNY SMITH，以及位於惠比壽的CROSSROAD BAKERY，都是非常受歡迎的名店。

他從美國的大學畢業後，回到日本就業，心裡老想著「希望有一家開在公園附近，可以帶狗一起吃三明治的店」，便決定自己開一家。

他惦記的是住在美國時，有許多可以帶寵物進去的咖啡店。對餐飲業完全外行的他，憑著旅居國外的經驗和在顧問公司學會的知識就開店了。正因爲是從別的行業跳進來，對其他餐廳的動向也不是很在意，只是花精力在規畫自己想去的店、想吃的東西而已。

我與許多成功人士接觸過，看出一個共通點。那就是他們都很謙虛。

例如建築家隈研吾，他設計了二〇二〇年東京奧運主場館的新國立競技場等各式建築，相信許多讀者都知道他。

我問他：「您成功的祕訣是什麼？」他這樣回答：

「不，我從來都沒有成功過，反而是失敗連連。前陣子的建案，光圖面就畫錯好幾次，我總是這樣。」

他又接著說：

「結果，房子蓋好了我也不滿意，或許因爲這樣，我才有更努力的空間吧。」

從隈研吾的臉上看得出來，他講這番話不是故意謙虛，而是眞心覺得自己老是失敗，所以才要繼續努力。這樣謙虛的態度眞是令人感動。

認識越多成功人士，自己成功的機率也越高

「與誰來往」關係到一個人有多少的成長空間。有研究指出，一個人

如果身邊都是胖子，他在不知不覺間，也有變胖的傾向。同理可證，平時多接觸成功人士，自己成功的機率也會提升。

所以大家一定要好好把握認識成功人士的機會。**與成功人士會面，要盡量詢問他的價值觀、人生經歷、成功之道（出自他自己的解釋）、曾經以爲快成功最後卻失敗的經驗等**，這些是最基本的。

人是喜歡別人詢問自己的生物。人對於自己好奇、對自己問東問西的人，通常都會有正面的反應。所以，盡情地提問反而會使對方開心。有時候對方還會反過來感謝你：「謝謝你讓我有機會反省自己。」

重要的是，不要放過任何與成功人士結識的機會。有時錯失良機，就再也碰不到了。但如果能抓住機會，保證收穫會一籮筐。

以一位與我交情很好的經營者爲例。最初是另一個朋友邀我：「我要跟○○約吃飯，你要不要一起來？」我當然不會放過這個機會，馬上答應這個邀約，結果一問之下，這場飯局的地點竟然在香港。

幸運的是，當時我正準備要夏季休假一星期。原本我打算去菲律賓潛水，趕緊取消行程，買好飛往香港的機票。結果，我在香港度過非常愉快的時光。想想這趟的收穫，那點旅費真的不算什麼。

你是不是在想「認識成功人士哪有那麼容易」？

但是，現實中真的有很多機會。我常常覺得：「東京好小，業界好小。」每一個行都有同業聚會的活動，尤其在東京都內，更是隨時隨地充滿機會。出席這些場合，很容易就能見到業界的頂尖人物，或者也可以透過人際關係的聯繫。就算路程遙遠，必須花一點旅費或是請一天假，也值得參加。

珍惜一點點機緣，就會有更大的緣分。

但是，向人學習也有一些禮儀要注意：

- **努力讓對方覺得與自己見面也能讓對方學習**
- **不要獨占收穫，務必與他人共享**
- **自己也要推薦別人**

我最樂見自己介紹的雙方能合作開創新事業。只要爲身邊的人提供與人結識的機會，自己也能受惠。

與人見面時，想想能讓對方學到什麼

我們來談談要怎麼讓對方有所收穫。

假設某某人說：「彼優特，我有點事想跟你談……」**與他見面前，我會先問對方想問什麼事**。

如果只是聊聊近況，可以約兩週之後，或是約個午餐時間。不過，如果是很緊急的煩惱諮詢，就要盡快處理，最好約晚上，時間比較充裕。先知道事情的輕重緩急，就可以決定要怎麼處理。

接著，**盡可能在見面前，先完成諮詢**。

我在這時經常運用教練術（Coaching）的方法：讓對方自己思考，引導他做出結論。想像實際見面後，對方在什麼狀況下回家才是最有價值的。這就是我喜歡「預測」的原因。

如果對方是找我諮詢轉行的煩惱時，我會問：「想換哪一行？」「是要跳槽，還是轉行？」「想做什麼樣的工作？」這類的問題。

如果對方回：「我還沒有決定，只是在考慮換換跑道。」我會建議他：「那我們下次再找時間聊。」

如此一來，對方會在與我見面之前，先展開具體的行動。上網看看、與朋友討論，整理自己想轉行的思緒。

結果與我見面時，情況經常都已經有點進展了。

「謝謝你，彼優特，上個星期聽你那麼說，我自己想了很多，其實我已經開始找工作，前天還去面試呢。」

「我去面試了 A 公司和 B 公司，你覺得哪邊比較好？」

這樣就可以進入下一個階段的討論。

有時候或許就想通了，自己其實不想換工作，

「我考慮過了，現在的工作，我想再努力看看。」

聽對方這麼說，我就會與他討論眞正的課題：「那你現在工作時，有什麼煩惱嗎？」「跟主管相處得好嗎？」

因此，常常有人說：「跟彼優特見過面，感覺豁然開朗。」你當然豁然開朗，因爲那就是我的用意。

先讓對方情緒穩定下來

當對方煩惱到已經不知如何是好時，首先要讓他冷靜下來。我常常遇到對方壓力太大，無法做出有建樹的判斷。在這種狀況下做出結論，以後也一定會後悔。

客觀觀察對方，不必急著解決問題，讓他的情緒先冷靜下來比較好。如果是在人聲嘈雜的咖啡店，就換個安靜的地方。這些都是必要的判斷。

不要怕「對話冷場」

我曾經在幫人諮詢時，直接建議對方：「希望你多做一些只有你才辦得到的事。」這種語氣可能有點強勢。

離開前，他對我說：「我本來以爲今天可以跟你聊得很愉快。」

我這才察覺他可能是希望我溫和一點，又或者希望我認同他的想法。我也發現他希望我不要那麼直接。

但是，若完全照他所希望的方式對話，就得不到結論。接受煩惱諮詢時，「對方想要的答案」和「必要的答案」是不同的。因此，比起愉快的談話，我認爲深入的談話才更重要。即使當天不太愉快，只要日後他能覺得與我見面對他有幫助，那就足夠了。

困難的選擇、困難的決定，使人生更簡單。

相反的，簡單的選擇、簡單的決定，會讓人生更艱難。

不做艱難的選擇，就沒有輕鬆的未來。我一向堅信如此，所以每當迷惘時，都會選擇困難的路。我也希望對方能選擇困難的一方，才會誠心地這樣建議。

學會這三招，就能加入內行人的對話

學習新領域時，請隨時留意「循環」「趨勢」「模式」三件事。

以時尚為例。時尚有一定的循環，像現在流行的是類似九〇年代的時尚。在這之前流行過八〇年代的味道，也曾經有段時間流行近七〇年代的時尚。

凡事都會在過去某一段時期受到矚目，在反覆發生中逐漸進化。這種反覆就叫做「循環」。

在循環的過程中，正在流行的叫做「趨勢」。現在許多人感興趣、被廣泛討論的對象就是趨勢。我們必須經常確認現在的趨勢是什麼。

「模式」換句話說就是商業模式。職人製作和服，透過和服中盤販賣給和服店，這就是一種商業模式。又或者像優衣庫（UNIQLO），在亞洲工廠大量生產低價格商品以供零售，這種商業模式就叫製造零售業。

理性提問才能建立互信關係

我經常這樣做：當遇見陌生領域的人，我總是抱持著好奇心，學習那項領域的「循環」「趨勢」及「模式」。若能大致了解這三個項目，就比較容易建立人際關係和工作。

例如，服裝設計師都怎麼工作？他們平常的生活又是如何？他們認爲什麼有價值？業務對象都是那些人？要徹底學習上述這些內容。

和服的設計師和西服的設計師，他們在工作上可能抱持著完全不同的思維。在流通業界工作的人，與從事零售業的人，眼中所看到的世界也是大不相同。了解這些行業，下次遇到成衣界的人，我就能問些更有深度的問題，同時也能建立互信。

我當然不能像專業人士聊得那麼深入，但一流的人只講內行話，而**值得玩味的，正是這些專業人的內行話**。我們外行人只要夠用功，也能讓專業人士刮目相看，一起暢談超高級的對話。

彼優特式的資訊蒐集術

接下來，我要介紹一下蒐集資訊的方法。

首先是活用**Google快訊**（Google Alert），我會設定重要的關鍵字——「革新」（Innovation）、「Airbnb」「特斯拉」、「Google」「Apple」等——每天早上都會收到最新相關資訊的信件通知。

日文和英文的資訊我都會看，但坦白說，日本的報導總是慢半拍。因爲日本記者要轉載國外的報導，慢一點也是理所當然。

所以，針對專門報導日本的資訊，關鍵字可設定爲日文，若想要知道國際新聞，最好還是閱讀英文內容比較好。

我還會利用**Google搜尋趨勢**（Google Trend），查看現下大衆最關注的話題。我也會看NewsPicks之類的新聞平台，但是不論哪個平台都有自己的調性，你讀到的很可能不是「你現在非知道不可」的新聞，而是訊息來源「想讓你知道」的新聞。所以，我純粹只瀏覽大家當下最關心的新聞。

現在許多人主要靠 Facebook 或網路新聞獲得資訊，但這樣其實接收到的多半是片面且淺薄的內容，結果只是浪費時間。就我所知，真正的成功人士都不太常看 Facebook。

向人請益，深入了解資訊

不是網路上查到資訊就解決了，對於有興趣的資訊，找到熟知詳情的人，積極請益：「請問你對此有什麼想法？」「可以告訴我××的詳細情形嗎？」

尤其是現在最流行的主題，找「了解詳情的人」問是最有效率的。向人請教過的資訊會變得更立體。我以獲得資訊的內容爲基礎，到相關的展示會或研討會上，尋找熟知內容的人。這麼做，有時候能學到一些與自己認知迥異的見解。

請益可以安排一對一，像上課的方式請教對方，也可以設定兩、三個人一起討論。

不同專長領域的人，針對一個主題進行討論，就能從各種面向解釋，這就像一群人去爬山，大家各自走不同的步道攻頂一樣。這樣一場討論下來，會產生許多新的創意。

我有時候受邀去演講，有人聽完我提供的資訊就心滿意足，也有人聽完會再去問別人的見解。我後來觀察後者通常都能很快進到下一步。我因爲看到這樣的人，深深體會到就算是自己，也要向別人請教資訊，這點很重要。

除了詢問不同行業的人之外，也可以諮詢屬性不同的人。以「工作方式」爲例，二十幾歲的女性和男性可能各有不同的見解。所以，我們要與各界人士見面，不厭其煩地問下去。

我也經常運用從人開頭、再回到網路搜尋的循環。聽到別人分享有趣的話題，就自己再上網搜尋，嘗試分析。

舉例來說，我想搜尋「工作方式」，就從經濟合作暨發展組織（OECD）的網站上找資料來參照。對照國外和日本的報導也是很有效的方法，專案研究的題材裡也有很豐富的資料。

另一方面，我發現報刊雜誌上若出現「工作方式的改革」「中國」等我在意的特集報導，就會積極購買、閱讀。基本上我只會閱讀特集，其他的頁面會快速瀏覽。有時會看到認識的人接受訪問，或者是獲得料想不到的資訊。

「內化」獲得的新資訊，隔天立刻活用

通常我會將蒐集的資訊保存下來，有時手抄，有時存在 **Google Keep** 裡。**Google Keep** 可以保存語音和相片，例如在雜誌上讀到值得參考的文章，我就會馬上拍照留存。

有空的時候，我就會再重新看一次筆記，**思考「當初爲什麼會想記下**

來」「這和我自己的想法或理論有沒有關連」。這個過程稱爲「內化」。

有時候我也會在一天工作結束後，重新看看記錄在 Google Keep 的資訊。刻意安排一點時間，看看自己獲得什麼資訊，有什麼收穫。

隔天早上，我會用 Google Keep 列出今日的待辦清單，用顏色區分重要的程度，配合 **Google Calendar**，確認今天要做的事，或是預測今天會發生什麼事。比如說，假設今天安排了雜誌專訪，我會先預想對方會問什麼問題，想像訪談進行的樣子。

我將筆記的資訊和待辦清單緊密連結、放在一起，讓前一天的學習，可以確實在隔天行動中產生影響。

與別人談話時，我常常發現「這就是昨天才從○○那裡聽來的啊」。有時候前一天聽到的內容，剛好與隔天的會議不謀而合。

玄妙一點的說法是「上天的指示」，不過比較科學的說法叫「意外發現」。只要保持學習，這樣的驚喜就自然會發生。

每年決定好「課題」脫胎換骨

我的信念是「認眞做好現在，就能改變未來」。一旦決定要做，就不會敷衍了事，而是投入一二〇%的心力去執行。正是我多次經歷成功開創新境地的結果，讓我有深刻的體會。

我不會計畫五年後的將來，而只設定今年一年的課題，並專心投入。每年一點一滴地「脫胎換骨」，扎實地成長。

具體的例子是二〇一六年我剛創業沒多久的時候，主要的課題就是「事業的收益」。如果自己的事業不順利，更別說想要挑戰什麼。在這一年裡，我的定位是打好基礎。於是，我花三〇%的時間在可以創造收益的事業上，剩下的七〇%則用來進行不一定會有收益的專案。

二〇一七年的課題是「品牌化」，我把工作的重心放在提升自己的品牌能見度。還有另一個課題是「打造事業平台」，爲此我必須培育新創企業，提供協助。此外，我也注意到「成立社群」的重要，因此定期舉辦活動，發送信息。

我希望能提供認同我的信息、想要開創事業的人發揮的舞台。爲此，我必須強化自身這個品牌。換句話說，品牌化、事業平台、社群這三個課題必須密不可分、環環相扣。

二〇一八年則有兩項課題。

「影響」：盡可能協助日本全國經營者優化、強化他們的公司。

「推廣」：將我經營的 Pronoia Group（www.pronoiagroup.com）所提供的方法，以旗下的人事軟體創投 Motify（www.motify.work）的科技推廣出去。

「自動化、組織分工」是很普遍的課題

除了每年的課題，我還有一個持續進行的課題，那就是「自動化、組

織分工」。

首先要清楚區分「親自做的工作」與「可以不做的工作」。「可以不做的工作」有兩個選項：「可以完全放棄」和「以自動化、組織分工的方式進行」。

比如說，我爲了維持公司營運所必需的財務作業。一方面，我認爲這項業務不必親力親爲，便將可以自動化的部分，導入自動化，其他則分工交給助理去完成。

現在業務排程漸漸改成自動化，同時也靠助理執行。我們也正在討論透過部落格或 Podcast 發布訊息的可行性。

知名的二手商品交易平台 Mercari 整個公司都積極推行自動化。他們將需要人力重複兩次以上的任務，視爲可研發自動化的機會，運用 AI 和機器學習來執行自己的工作，爲的是能夠更愉快地完成無法自動化、更偉大的工作。有些人會絞盡腦汁思考「這項工作要如何縮短時程」，或許想想這個工作到底有沒有必要親力親爲，才是最節省時間的做法吧。

多方拜師可避免停止思考

日本人很喜歡所謂的「師徒」關係。**我認識的日本人幾乎只要逮到機會，就會說「我的師傅～」「我師傅教我～」**。

通常師傅只有一個。無論公私領域，師傅的地位都是至高無上的。將師傅當作楷模，在工作和人生的重要時刻，徵詢師傅的建議，根據師傅的指示做出決斷。我見過許多類似的例子。

有些企業還設有「導師制度」（Mentor），指派一名資深員工帶領新進員工。師徒關係一旦決定了，就不會再更改，就是永遠的師傅。新進員工時是師傅，二十年過後還是師傅，沒有人會覺得奇怪。

許多日本人都希望有一個絕對崇高的「師傅」。師傅的教誨就是絕對箴言，聽師傅的絕不會錯。只要有師傅在，就覺得萬無一失吧！你不覺得這樣會停止思考嗎？

常常有人在演講上問我：「我的人生該如何規畫？」自己的人生不應該寄託在別人的判斷上。

「情境」也可以學習

我認爲楷模不必僅限於一人，每天自由更換不同的人當師傅也無妨。說得更具體一些，從「情境」而不是跟人學，有時候也能獲益良多。只認定一個人當師傅，反而阻礙學習，那就太可惜了。

學習特定領域的事物時，跟專業人士學是非常重要的，而在日常生活中就有很多機會。

不只限定跟一位師傅學習，就是增加學習天線的敏感度。

對我來說，每個人、每次機會都是值得學習的師傅。我們每天接觸各種人，偶爾會覺得「聽這個人說話好舒服」「他問問題的方法怎麼這麼尖銳」，把這些都當作學習的機會。模仿下來，變成自己的東西。

惡言或抱怨也有收穫

我們也能從負面示範中學習。

我曾經透過工作坊或研習，學習一種溝通方法。這個方法非常值得參考，我在其中學到了什麼是溝通，從理論、實務面上都學到很多。

但後來我得知這個溝通法的幾位創始人之間不合，甚至絕交，印象就此幻滅。我心想：「怎麼你們一邊教人要有建設性的溝通，自己卻反其道而行？」

在工作坊或研習時，每次都還被迫聽這個創始人講另一邊的壞話，我總是三緘其口，甚至不能認同，老覺得：「我來參加研習不是爲了聽你講別人的壞話好嗎？在研習者面前說三道四的，不會有失專業嗎？」

不過，有一次我發現從負面示範中也能學習，這正是所謂的「負面教材」。

我們跟朋友聊天時，有些人會比較強勢，占著對話的主導權。明明大家想要互相交換資訊，他卻一個人自顧自說不完。這時如果我們啓動學習天線，應該就會發現「我可能也會犯這種毛病」。

「我自己在聊天的場合中，是怎麼分配聽和說的比例呢？」

「要配合話題說多少、聽多少，才算有建樹又不冷場呢？」

思考這些問題，作爲實踐PDCA*的機會，這次的經驗才不會白白浪費。

有時候抱怨也可能帶出工作的靈感。

HERO顧問公司的佐藤博正在開發「代寫信件服務」。這個服務是將文章輸入系統後，讓機器人拿起鋼筆寫到明信片或短籤上。寫出來的文章就像是眞人手寫的一樣。

這其實是因爲聽到人壽保險的業務員說要寫太多明信片給客戶很辛苦，才萌生的點子。這項服務現在已經推廣到證券公司、美容院、旅行社、婚紗業等，與各式各樣的人接觸的行業。最近還擴大活用範圍，在思考加入插圖或照片的可能性。

聽到別人在說壞話或抱怨時，不妨思考一下：「該怎麼活用這樣的情況？」這或許就是一個獲益良多的機會。

---

* Plan-Do-Check-Act 循環式品質管理。

參加講座有一項收穫就値回票價

我們常常在 Facebook 或推特上看到各種名言。某某人在哪裡讀、聽到名言，就引用在貼文上，看到的人又轉貼，到處擴散……大家的生活周遭都是名言。

每個人都喜歡名言，我也喜歡，例如——

「如果今天是人生的最後一天，而今天打算做的這件事，是我眞正想做的嗎？」（賈伯斯）

這是令人爲之震驚的名言。但我不禁要問，只引用名言就夠了嗎？名言固然令人佩服，更重要的是我們該怎麼應用名言。

最近，我的家鄉波蘭農村裡的人和親戚們也都會用 Facebook 了。我在他們的貼文中看到許多波蘭話的名言。遠在日本的我盯著這些貼文出神，赫然發現，大家引用這些名言，是爲了讓自己每天心情愉快。

我們看到名言，常常會沒來由地感覺興奮，好像得到勇氣、振奮精神、充滿幹勁……但是，其實那只是一時的興致高昂而已，也有人介紹名言是爲了讓大家按「讚」。

我只在意留在腦海中的名言。那些留存在記憶裡的名言我可以隨口說出，也反映在我的生存方式上。這些應該只是衆多名言中的極小部分而已吧。

不只是名言，我對一切資訊也是一樣的態度，所以我常在演講時說：

「請不要想把今天的聽聞全部記起來，我希望大家至少學會一項，然後帶回去實踐。」

不必歸納感想，也不用做筆記

我們去超市時，應該都只買需要的商品，不會把貨架上的商品全部買走吧。我絕不在肚子餓時逛超市，因爲這樣會不知不覺買得太多。「這也想吃，那也想吃」，全部買回家的結果就是塞進冰箱裡，任其腐壞。所以，我們應該只購買需要的東西。

我還發現最近比較少做筆記。以前經常寫筆記，把聽來的話全都記下來。之後還有一段時期，我會寫下自己根據別人的談話所做的反思。

而現在，我發現自己即使不做筆記，學到的事也會鮮明地留在腦海中。和名言一樣，眞正重要的只有留在腦海裡的那些而已。

知名喜劇藝人笑福亭鶴瓶曾說，他主持活動到尾聲時，經常被點名爲今天的節目做出「總結」，但他絕對不做。因爲做了總結，觀衆就只會記得總結的部分。每個人心裡記得的片段應該各有不同，所以他不願意總結。他的總結就是「沒有總結」。

他的想法與我的相近，眞心覺得重要的事，自然會留在心的筆記本之上。

將自己的課題變成「提問」

我要再強調一次，研習講座和名言一樣。**先決定自己想學的資訊，再去參加研習講座就好**，就應該能獲得最低限度的資訊。

參加講座前，先針對自己的課題做成提問比較能達到效果。假設你正爲求職煩惱：

「你們如何徵才？」

「你們徵才時重視什麼條件？」

「面試的時候，哪些事是你們決定錄取的關鍵？」

就像這樣，先準備好一些具體的問題。

只要有意識的提問，與人談話時就比較容易獲得自己需要的資訊，得到資訊就可以馬上實踐。

提問要注意均衡。重點太狹隘就不容易得到答案，範圍太廣，得到的回答也會不夠明確。

尤其要注意避免不要提出過於空泛的問題，「人生要怎麼過？」「如何才能成功？」這些問題沒有人能給出明確的答案，問了也不會有任何收穫。

「我希望能在〇〇領域，實現〇〇。現在正在進行〇〇，您有什麼建議嗎？」

像這樣，先設想在對方的立場能回答的問題。明確掌握自己的需求，已知的、未知的，還要盡早蒐集必要的資訊。

盡快聯繫握有資訊的人。聯絡後，提出能獲得資訊的問題。取得資訊後，立刻實踐。這一點請牢記在心。

比學力更重要的是解決世界問題的能力

在日本，東京大學、早稻田大學、慶應義塾大學等，與公務機關、企業有著密切的聯繫。

例如，自東京大學畢業的人，中央政府是他們的「基本出路」。我也聽過有比較喜歡錄取早稻田或慶應畢業生的企業，他們在這種企業裡也比較容易升遷。

對畢業生、企業、大學來說，大學文憑就是一種「證照」。就像醫師需要執照一樣，要進這家企業，必須要有「○○大學畢業」這張證照。如此一來，排行高位的大學文憑必然具有價值。

比起A大學，早稻田大學更有價值。早稻田不如東大，東大不如哈佛有價值……

因此，大學當局就會致力於提升自己學校的排行。爲爭取學生，舉辦各種考試，提高競爭力，提升學生的學力，想盡辦法讓這張「文憑」賣個好價錢。結果，大學本應爲努力改變世界、作育英才的治學之地，卻本末倒置，不以此爲最重要的責任。

另一方面，學生上大學的目的也變成「爲了有效率地取得一張好證照（文憑）」，努力用功考進排行高的大學，入學後只求能順利畢業也不令人意外。這樣的態度怎麼可能會產生新的創意？

再者，企業只以名校畢業的「文憑」作爲錄取新人的依據，根本無法創造新價值。

再一次強調，**「上名校、進大企業，將來就業就高枕無憂」的想法已經不再管用**。

當然，這並不表示過去積極錄取哈佛或東大畢業生的企業在今天或明天就會落伍。

利用過去所培植的權威、人脈及資金，還是可以延續下去，Google 也有許多哈佛出身的人。我們不能否認創造新價值的企業還是會延攬傳統菁英路線的人才。

但是，只要能上名校、努力參加就業活動、進大企業上班，從此就能高枕無憂的路線已經逐漸消失。美國、英國或法國也都曾經走這樣的路線，但現在早已不復存在了。

Google是程式工程公司，徵才的基本條件設定在大學畢業（但有一部分職位也會錄取非大學畢業者）。

根據公司的內部調查，大學學歷與工作表現確實有關，我推測是因爲對知識有好奇心的人，多半都會上大學。不過，這項調查也顯示**畢業的學校與工作表現幾乎沒有關係**。不是從史丹福、哈佛或東大畢業的人，工作表現優秀的人還是很多。

順道一提，**與工作表現最相關的，其實是挫折經驗**。例如，爲籌措大學學費辛苦打工、父母離婚、曾經大病一場等的經驗。

換句話說，如果過去有克服挫折的經驗，在工作上遇到困境時，也不會走錯方向。

所以說，在學生時代認眞參與運動比賽卻挫敗、因受傷被迫放棄夢想的人，工作表現多半都很亮眼。

曾經爲艱難挑戰吃過苦的人，至少比什麼都沒經歷過的名校畢業生更有潛力。

目標是奇點大學

未來學習方法的轉變應該不可避免。人們努力的目標將不再是爲了追求「東大畢業」這種文憑，而是能帶給世界新的價值。

你知道奇點大學（Singularity University）嗎？這是一個以矽谷爲據點的教育機構，雖然名爲大學，但其實並沒有校園，也不發學位文憑。

奇點大學是發明家雷蒙德．庫爾茨魏爾（Raymond Kurzweil）與X大獎基金會（X Prize Foundation）的CEO彼得．狄曼迪斯（Peter

Diamandis）所發起、創立的，由Google、思科（Cisco）、歐特克（Autodesk）等公司贊助，提供各種教育課程。

他們致力於將新科技運用在教育、能源、環境、食糧、保健、貧困、安全、水資源等處，尋求解決對人類來說最迫切面臨的困難難題（Global Grand Challenges）。

有志參加課程的應徵者從世界各地蜂擁而來，Google、Facebook等矽谷的頂尖人物也都是受邀的講者。

學生從這些頂尖講者的課程中得到大量的刺激，正面迎向人類所面臨的問題，將其納入事業規畫，向投資家做Pitch*簡報。

實際上，接受投資，從創投成功導向企業的例子也已經產生。

---

*在創投業中使用這個詞，意指有效率的傳遞價值，也有引人上鉤的意思。

民間企業比政府先解決全球問題的時代

為解決世界各項問題，現在已是民間企業早於政府或行政組織之前的時代。例如先前介紹過孫泰藏的Mistletoe，而伊隆．馬斯克設立的民間太空創投Space X就是極具代表性的例子。

過去，宇宙開發的任務都是由國家主導，美國有NASA（美國國家航空暨太空總署），日本則是JAXA（宇宙航空研究開發機構），這些都是大眾熟知的組織。

民間太空創投的出現與國家機構形成競爭關係。起初NASA與Space X為太空開發案互相較勁。但在二〇〇六年之後，雙方結為合作關係，Space X接受NASA委託進行火箭與太空船的研發。

二〇一七年Space X宣布成功發射回收火箭。火箭機體大約占發射成本的八〇%，藉由火箭的回收與再利用，大幅降低了發射費用。

這表示他們製作出比NASA更創新的火箭。這一點也不令人意外，因為 Space X 的決策速度比ＮＡＳＡ要快上好幾百倍。

今後，世界問題的解決之道將帶動人類的進步，我們當然必須為此努力學習。名校畢業生或大企業員工的頭銜將逐漸喪失價值。而為了追求這些頭銜的學習也都將急速失去價值。

第三章

決斷靠直覺。迅速行動，做出結果

決斷的速度將大大左右結果

在這個瞬息萬變的時代，決斷的速度是左右結果的最大關鍵。做好準備，一旦決斷就能夠立刻行動的效率非常重要。不敢決斷、不付諸行動的人，什麼也創造不了。

憑直覺決斷最大的優點就是可以迅速付諸行動。我很重視速度，很多時候搶得先機，得到的成果也會更豐碩。培養出憑直覺行動的效率後，就可以進入下一個階段。

我覺得猶豫不決很浪費時間。例如，肚子餓的時候，「吃中式料理好呢？還是法國菜？日本菜好像也不錯……」這種舉棋不定的時間就很無謂。若你可以決定吃中式料理，還是法國菜，但「不吃」也可以是選項之一。若決定「不吃」，馬上進行下一步，就能獲得某些成果。換句話說，我們應該要減少因猶豫而停下腳步的時間。

爲考慮吃飯損失的時間可能有限，但選擇工作時浪費時間可就會造成重傷了。比如說，雖然有創業的念頭，但光猶豫就浪費了許多時間。舉棋不定，錯失良機，結果什麼都沒做，繼續窩在公司，註定一輩子有志難伸。這樣就太悲慘了。

想創業就創業，如果決定不做，就好好思考在現在的職場能做些什麼，想好了就執行。總而言之，一定要做出選擇，付諸行動。

憑直覺決斷的第二個優點是，能做出與自己價值觀相近的決定。自己眞正想做的是什麼呢？花時間去邏輯思考，不如憑直覺更接近本意。

例如戀愛的時候，很少有人是清楚分析完對方之後才喜歡上對方的吧（相親結婚的例子或許可能是）。明明長相、個性都不是喜歡的類型，卻還是墜入愛河的例子反而時有所聞。其實有時候我們連自己都說不清自己的喜好。

我們自以爲「喜歡的類型」常常受媒體影響，或是好友之間聊天所形塑而成的。但是，憑直覺決斷才是自己眞正的喜好，得到圓滿結果的機率比較高。

偉大的經營者也靠直覺決斷

經營者也不會所有的決策都靠邏輯思考，通常還是憑直覺，太忙導致沒有時間考慮也是原因之一。

前幾天我與一家代理軟體銀行的廣告公司業務局長有機會聊了一下，他與孫正義接觸過幾次，他透露孫也是憑直覺在做決斷。

廣告公司製作廣告片時，通常會先向客戶說明創作概念。概念說明完之後，才正式簡報，「根據這些概念製作了這部廣告片」。

但是孫正義卻不想聽前導，一開始就要求直接播放十五秒的廣告片。他只憑看完廣告後滿不滿意來判斷。

仔細想想，收看電視的觀衆也是在沒有心理準備的狀況下看到播出的廣告，喜歡或討厭就看當下的判斷。以電視觀衆的立場，依靠直覺判斷才能正確評價。

我猜製作廣告片的人其實也是憑直覺、覺得有不有趣在工作。只不過還是認爲要先跟客戶交代清楚，所以才會特意說明製作概念。換句話說，他們應該是事後才整理出概念來的吧。

我一直覺得邏輯思考的框架也有類似的奇妙感覺。坊間常流傳顧問公司的邏輯思考工具，宣稱運用框架做邏輯性分析就能決定意志，但眞的有用嗎？我覺得那只是事後用來說明決斷的合理性而已。

重大決策要預設期限

當然，我無意鼓吹憑直覺立刻決定轉行或創業、結婚這種大事。當有比較大的案子必須做出重要的決策時，我會先蒐集有助於判斷的資料，等到截止前一刻再做決定。以直覺判斷的選項爲基礎，逐項分析。

有時候，**最終決斷的前一刻突然出現關鍵的資訊，很可能因此而激發我們的靈感**。這是因爲當我們在探尋答案時，大腦的運作會讓我們在潛意識裡做出最好的決斷。

所以，在重要決策的前一晚，我會一邊準備就寢，一邊思考「該怎麼辦」。隔天早上起來，腦中就會瞬間浮現答案，「就這麼辦」。說起來好像很玄，但其實大腦在我們睡眠期間仍然會繼續運作，這並不是什麼奇妙的現象。

遇到重大決策卻猶豫不決就無法繼續前進，所以我會預設期限，「〇日一定要做出結論」，在這之前認眞思考。

或者可以在檢討的過程中途，先做一些小決策，也是有效的方法。例如，擔心跟男（女）朋友能不能一直交往下去，在做出最後決斷之前，先決定一些小事，「這週先取消約會好了」，實行之後再觀察彼此心境有沒有什麼變化，作爲判斷的依據。

應該要在心平氣和的狀況下，做出最後的決斷。工作很忙、壓力很大的時候，匆促的決定多半都是失敗收場。等到靜下心來，回頭才後悔可就來不及了。

憑直覺做出決斷後應該要做的事

憑直覺做出決斷後，**尋找「自己決斷錯誤的證據」**是很重要的過程。

當我們憑直覺決定一件事後，就會開始羅織其正當性。

再思考一下戀愛的例子。當我們愛上一個人時，就算身邊所有的人都說「你們不適合，不要在一起比較好」，你也絕對聽不進去。

其實平時就注意了到對方的缺點，但情人眼裡出西施，只看見對方的優點，就說服自己這樣的選擇正確。最後不顧周遭反對，兩人開始同居生活。結果遭受家暴，這才感覺不幸。這種故事一點也不稀奇。

與對方剛開始交往時，若冷靜思索「自己決斷有誤的證據」，應該就能避免這種不幸。

即使是爲愛失去理性的人，到了商場上，多少可以冷靜質疑自己的想法吧。

發現直覺有誤，可以馬上修正，失敗不至於太嚴重，還能繼續往正確的方向前進。

如果是領導團隊時造成的失敗，領導者就擔起責任。最糟糕的是把責任推給別人，「都是他們不好」，堅持自己的判斷正確，這樣反而會被批評是「草率行事」。

直覺造成失敗，不肯反省是「草率行事」，但若能反省檢討，就是「迅速判斷」。一念之差，結果卻大不相同。

因多疑而阻礙行動最不可取

話說回來，太多遲疑造成無法決斷也不對。

假設你搭乘的飛機墜落在叢林裡，只有自己大難不死，僥倖存活，這時你要怎麼辦呢？

是要到別處求救？還是要在原地等待救援，先找食物果腹呢？不管選擇哪一邊，總是要先離開座椅站起來。待在原地不動，什麼也改變不了。行動之後可能會發現決斷不太對，這時再嘗試其他選項。

思考一下，就能明白自己該怎麼做。馬上行動，弄錯了再修正，改變方向。這是唯一辦法。

磨鍊直覺的兩種方法

磨鍊直覺，**累積許多小失敗的經驗是最有效的**。

聽成功人士分享經驗，他們幾乎都會強調要經歷過很多的小挫敗。例如，接下一個以爲自己會收穫很多的工作，事後冷靜分析，才發現負擔太大，瑣碎步驟太多，結果徒勞無功。無奈已經簽約，也不能反悔了……諸如此類的例子屢見不鮮。

事實上，我也曾經遇過類似的失敗，那種時候就只能先把眼前的事情做完。雖然硬著頭皮繼續做，但因爲已經完全心不在此，最後還是失敗收場。這種工作完後悔不已的經驗還不是只有一、兩次。

即使決斷時不確定是否正確，事後再回頭檢討也無妨。

不過，經驗可以培養解讀未來的能力。預測未來的發展，漸漸就能看出一件工作需要哪些要素。下次再有類似的工作邀約時，才不會輕易允諾。

這有點類似日本象棋和西洋棋棋士提升實力的過程。玩日本象棋和西洋棋時，下每步棋都要預測對手的下一步。

但下一步有上萬種可能性，我們不可能預測得到對方全部的下法，所以並不是逐一分析每種可能，而是憑直覺選擇。

話雖如此，豐富的經驗可以讓直覺更有說服力。因為從過去的經驗推測到「對手應該會下這一步」，猜中的機率會提升，這就提高了直覺的精確度。

像這樣，我偶爾會遇到一些小挫敗，但不至於犯下大錯，慢慢磨鍊出直覺。成功是靠許多小挫敗而來，反過來說，**唯有盡早累積失敗才能成就大事**。

要重複失敗，必須累積許多經驗。簡單來說，就是要增加憑直覺決斷的機會。我建議不妨去探訪陌生的小鎮，往左或往右、去哪裡、吃什麼、該找誰問路等等，練習讓自己做出各種決斷。

只要刻意製造憑直覺決斷的機會，既可以累積小失敗的經驗，也能磨鍊直覺的敏感度。

改變環境，刺激潛意識

磨鍊直覺的方法還有一種，就是刺激「潛意識」。

刻意做出的決斷，憑直覺判斷只是其中一個面向。當我們憑直覺決斷時，會運用到潛意識的力量。簡單說，就是不知道爲什麼，憑著一股衝動做出選擇的狀況。

人的潛意識會在不知不覺間反應各種刺激，最具代表性的刺激之一就是環境。仔細觀察 Google 這些熱門公司的辦公室，你會發現有許多增加環境刺激的設計。

例如植物的擺放、時髦的布置、空間與人的比例，都盡可能營造舒適的感覺。還有大家可以一起吃飯、喝茶、閒聊的地方也是一大重點。

其實，人的行動都是在不知不覺間接受環境的刺激，Google 員工應該比一般日本上班族，在日常中獲得更多的資訊量，以及更多接觸各種人的機會。他們被各種刺激包圍，所以才能憑直覺工作。

在職場的一角擺放些外文書，或是掛一幅畫，什麼都可以。不必刻意讀外文書，只是知道那邊「有一些外文書」就是很好的刺激。**增加這些能夠給予刺激的小東西，也能磨鍊直覺的敏感度**。

這樣的作用可以用腦波來說明，大腦在思考或是感覺的時候，神經細胞會產生電波，稱爲腦波。

腦波有五種狀態，分別是 γ 波、β 波、α 波、θ 波、δ 波。

γ 波與意識和知覺有關，在我們行動時產生。

β 波是覺醒狀態，如清醒或一般日常生活的狀態。我們思考判斷時，或是緊張、不安、坐立難安等負面情緒出現時，也會產生。

α 波是發生在我們清醒且非常放鬆的狀態。此時的專注力和學習力都很旺盛。

θ 波是睡眠和剛睡醒時，意識矇矓的狀態。冥想的時候也會產生，可以提升創造力和記憶力。

δ 波是沒有做夢的熟睡狀態時產生。

β 波與顯意識有關，α 波和 θ 波則與潛意識有關，δ 波則是進入無意識狀態。

也就是說，給予放鬆的刺激，打開人的潛意識，可以訓練直覺的敏感度。

積極徵詢意見回饋

憑直覺行動後修正失敗時，意見回饋不可或缺。簡單說，就是「認真向別人請益」。

「這個問題您怎麼看？」

「我是這麼想，您會怎麼做呢？」

「這裡我不太懂，可以教我嗎？」

像這樣虛心向人請教。

我觀察日本人被別人稱讚時，多半只會回「謝謝，好開心」，然後，就結束談話了。這樣的反應實在非常可惜。

如果能問得具體一點：「您覺得是哪邊好呢？」或許可以得到與成長有關的資訊。「〇〇，您會怎麼做呢？請告訴我。」繼續追問下去，可能就有新的發現。

不過，如果問法不對，可能會得到自己難以接受的意見。

最常見的例子就是「我的弱點是什麼？」「我該怎麼改掉這個弱點？」諸如此類的問題。就算對方是出於善意，自己聽到「你就是有的時候太驕傲啦」之類的負評，還是會不舒服。

人本來就不愛聽負面的話，所以**徵詢別人意見時，基本條件就是要以有建設性且正面的方式提問**。

「請說說這個工作值得肯定的地方。」

「怎麼說才能更淺顯易懂？」

「下一次我該準備些什麼？」

正面的提問，就會得到正面的回答。請務必實踐這種提問方式。

將課題化為言語後，再提問

接受意見回饋必須先做好準備。

我常常接到日本企業邀請：「很希望能跟您見一面。」尤其是我的書出版後，邀約更是如雪片般飛來。我眞的非常感激。

我喜歡跟各種人聊各種話題，這些邀約正是我所期盼的。不過，**當對方說要「意見交流一下」時，我就會有點打退堂鼓了**。

以我的經驗來看，那些「意見交流的場合」，都浪費時間在成員互相介紹自己平常做些什麼，完全沒有聊到什麼建設性的話題。

結果，一直到最後都沒有結論，從頭到尾幾乎都在聊一些不著邊際的事。好幾次我都覺得：「到底去做什麼了啊？」

這樣的經驗幾次下來，我才發現那些說要「意見交流」的人，根本都還不了解自己的課題……，又或者是懶得把自己的課題化成言語。

換言之，他們知道自己有一些問題，卻不清楚爲什麼需要我的意見。

跟這種人談話，就像半夜摸黑走在路上，令人很不安。

遇到說要「意見交流一下」的邀約，我都會回覆：「請先告訴我具體要討論什麼課題。這樣我才有頭緒要理出什麼建議。」很遺憾，我這樣回信後，對方多半就沒再聯絡了……。

當我們遇到難以解決的課題時，自己先至少定義出問題，分出「已知」和「不知」的部分。區別兩者之後，才知道要調查什麼、該問誰。

提示複數選項

向對方提問時，提供複數選項也是有效的方法。

例如，「我原本打算跳槽到薪水比較好的 A 公司，但以前的同事找我『一起創業』，我不知道該選哪邊，想聽聽您的建議」，這樣對方才能提供具體的回答。

徵詢改善工作的建議時，自己先提幾個方案，請對方幫忙選擇也很有效。有時候除了自己提示的 A 和 B 選項，對方還會幫忙多想出了一個 C 方案。

道完「謝謝」就結束，未免太可惜

接下來，我要介紹我的意見回饋方法。

我的讀者有時候會透過 Facebook 訊息留言回饋感想：「您的書讓我獲益良多」「我的人生因此改變了」「我重新檢視了自己的工作」……，每一則留言都令我非常感激。

但是，既然都特地傳訊留言了，只是說聲「謝謝」未免太可惜。所以我都會回覆**「請具體提出三項左右你覺得好的地方」**。

我無意強迫讀者，他們不回覆也沒有關係。不過，很多讀者都認真地再回覆意見，真的非常感謝。

所有的留言我都會找時間一一詳讀，我因此獲得的資訊、點子，將會活用於講座或寫作上。

寫書時，我也會找人幫我看稿子，請他人給我建議。我利用 Google 文件建立共用檔案，把書稿傳給朋友或員工，請他們讀完後自由表示意見。我的祕書寫的意見都很直接：「這裡不怎麼有趣。」「這邊看不懂，是什麼意思？」這對我有很大的幫助。

我還會在 Facebook 做問卷調查。例如，舉出五個書名，透過 Facebook 徵求意見。事實上，《Google 神速工作術》的日文書名就是參考問卷調查決定的。

我每天都從網路上得到許多有緣人的回饋意見。

除了直接的建議外，查看 Facebook 上的貼文哪篇被轉貼最多次、哪篇得到最多「讚」也是獲得意見回饋的方法。我根據這些指標，回顧以前的貼文內容，反映在下一篇貼文中。歡迎你一起加入追蹤的行列。

（Facebook ／ Twitter @piotrgrazywacz）

瞬間專注可增加眼前的選項

包含人類在內的所有動物，生命力最強韌的，就是有柔軟性的動物。換句話說，也是選項最多的。選項越多，存活的機率就越高。

其實只要我們留意生活的每一瞬間，便能增加那個瞬間的選項。對人類來說，有三個應該要集中意識的重要瞬間。

第一個是「向對方反應的瞬間」。別人對我們打招呼、提問、接電話的時候，就是對方需要我們給予反應。這一刻，我們必須全神貫注。

第二個是「自己主動的瞬間」。與向對方反應的瞬間相反，由自己主動出擊，打招呼、提問的瞬間。

走進咖啡店，向店員點餐時，就是我們主動的瞬間。說一聲：「我要咖啡。」咖啡就送到面前，不過還可以再添點附加價值。

例如，對店員說：「你的眼鏡很好看。」他一定非常開心。或是問他：

「你推薦什麼？」他可能回答：「其實我們有很特別的咖啡。」

第三個是「向上的瞬間」。電梯的英文字 elevator 的字源是從提升「elevate」而來，就是東西從下往上移動的意思。這有點類似「自己主動的瞬間」，但有更多「期待更好狀態」的意思。

例如，公司的同事看起來不太有精神，主動試著關心：「你怎麼了？精神不太好呢。」經你一問，他可能才說：「我其實想找你商量……」幫同事出意見解決問題，團隊的氣氛也因此更融洽。

人總是在這三種瞬間採取行動。自己主動的過程中，常常會自問：「這個選項對嗎？」「還有沒有別的選項？」只要持續這樣做，就能理所當然增加選擇，當然也能預防重大的失敗。

每一個瞬間都與自我實現有關

實現偉大願景必須做很多大事。的確如此，但其實不論哪個瞬間都與自我實現有關。

我的願景是打造所有人都能夠實現自我的世界，這眞是一個很大的夢想。達成願景的方法有很多，辦學是方法之一，提供人才開發的專案也是其中之一。

自己主動出擊的小規模行動也能與願景連結。

比如說，我常常主動找同大樓的阿姨聊天。搭電梯時碰面打個招呼：「您好嗎？」看到阿姨認眞健走的樣子，一句：「今天也很努力呢！」表示鼓勵。

我這樣主動打招呼，或許能幫阿姨打氣，回到家說起：「今天一個外國人跟我說『加油』耶！」家人也會覺得很好玩吧。若對方因此得到正能量，也算是對她的自我實現有貢獻。

你曾經想過生活中的每個瞬間都與你實現自我有關嗎？一瞬間可以做的事情眞的很多。

品牌的誕生都從偶然開始

常有人問我：「彼優特，你爲什麼都只穿黑上衣？」

我的確每天都穿黑上衣，許多人似乎都想像我有什麼特別用意。歐洲人認爲黑色代表宗教、哲學，還帶有一點神祕的感覺。所以有時我會戲謔地說：「我爲了營造帶點魔幻的品牌形象。」

我曾經玩過龐克搖滾樂，本來就習慣穿得一身黑，而且全身黑色一直是我喜歡的風格。

不過，Google 給人的印象應該是色彩繽紛。

「如果是 Apple，你全身黑還說得過去，在 Google 穿一身黑，未免太格格不入。」

這我也同意，所以進到 Google 工作後，我就改穿藍色牛仔褲，只有上衣還是維持黑色風格。

其實，我這樣穿還有另外的理由。

「不必為了穿什麼而傷腦筋」才是我穿黑上衣的最大理由。無論如何，每天隨手拿一件黑襯衫套上去是最簡單的，完全省去「今天要穿什麼」的煩惱。

黑襯衫配藍色牛仔褲再適合不過，換成淺藍色上衣，還得煩惱是否要配粉色褲子，或是其他顏色。

我原本的想法是「想將挑選衣服改成自動化」，最後才變成現在的穿衣風格，不過持續這樣穿，還是附帶了一些好處。

我很喜歡喝咖啡和紅酒，但是這兩種飲料都有不小心打翻的危險，穿黑衣服的話，弄髒了也不會太明顯。

我連襪子都一律統一買黑色，而且全部都是相同的款式，即使穿不成套，別人也看不出來。

把「大家都這麼說的話」化為品牌

有趣的是，我每天一直都穿黑上衣，漸漸地就變成了我的品牌形象。有時候去外面開會，就有人對我說：「哦，彼優特你果然又穿黑衣服來了！」大家已經認爲「彼優特總是穿黑色衣服」。

我並不是刻意要塑造個人形象，而是不想傷腦筋才一直穿黑上衣，但這卻意外發揮了品牌形象的效果。這樣的事實連我自己都很驚訝。

後來我對品牌塑造有點改觀。我並沒有否定要打造品牌，但是自己的行動或主張、穿著風格被別人注意，甚至是評論，這就是品牌塑造了。換句話說，**「自己並非刻意而爲的事物」當中，可能隱藏了許多可以用來塑造品牌形象的元素**。

比如說，Apple 產品的品牌形象是「有設計感，廣受 I T 界人士愛用」。但這是賈伯斯原本就有意形塑的形象嗎？我覺得應該不是。

Apple 產品的品牌印象是後來才被加諸上去的。而最早發現的是賈伯斯，他也就順勢將設計好的品牌結合。這應該才是眞相吧。

品牌形象多半是偶然生成。例如，每天你都穿著擦得亮晶晶的鞋子去上班，某天同事誇說：「你的鞋子總是擦得很乾淨呢！」你心情大好，又更認眞擦鞋。這樣的經驗大家應該都不陌生。

其他像被叫「那個○○」，這也算是品牌形象。「那個很會唱歌的山田」，或是「那個桌子很乾淨的佐藤」等等。你應該也曾經被誇獎過什麼吧。

刻意設計的品牌形象固然重要，但根據旁人的反應發現可能成爲自己品牌的要素更不要忽略。

配合第一四四頁介紹過的意見回饋也是一大重點。

凡事覺得有趣，就會往有建樹的方向前進

仔細想想我的長處，要算是無畏的心吧。我跟任何類型的人都能相處融洽，遇到任何狀況也都樂在其中。這一點我很有自信。

假設，你的團隊夥伴突然在你面前哭了起來，你對這突如其來的狀況有什麼想法？

「到底發生了什麼事？」

「我是不是說錯話了？」

「我是不是應該先安撫他的情緒？」

各種想法湧上來，自己卻更不知所措。

不過，雖然有點不太正經，但我會「有點好奇」。與其說是驚訝，我想的是「哇，這個人也有感性的一面呢」。

凡事覺得有趣的精神，其實是從專注於每一刻開始的。專注，然後發

現趣味，再試著讓這個狀況往更有建設性的方向發展。最近有人稱這種態度爲**「動中禪」**（Mindfulness in Action）。

專注於眼前的人

動中禪有兩個條件。

一是**專注於眼前的人**。告訴自己現在正在和眼前這個人講重要的事，不要滑手機或看電腦。

先前假設團隊夥伴突然哭出來的情況，通常不太容易遇到對方情緒表現得如此明顯（所以我才會想探究原因）。

我們必須深入探討對方處於什麼樣的心理狀態。

不僅要聽他說話，也可以從他臉上的表情讀取到許多訊息。對方可能緊張、坐立難安、沮喪等。除了表情，也可以從對方的行爲舉止看出來。

例如，嘴上說「我很好」，卻一臉頹喪。我若察覺到對方表現不太對勁，就會忍不住上前關心，試著激勵他。

「你怎麼了嗎？」

「我有點累。」

「怎麼會那麼累呢？」

「其實是工作上有點狀況……」

我倒不是要和他一起解決問題，主要是想陪他聊聊天，消除他心裡的焦慮。發現對方正處於焦慮時，只是傾聽也有很大幫助。

調整自己的狀況

第二個條件是調整自己的狀況。要平靜地專注於對方，也必須對自己身體的狀況敏感。感覺疲勞或想睡時，不妨起身動一動，去一下洗手間，花點時間調整自己的狀況。

我對現在自己的使命有所自覺，會深呼吸、全神貫注在對方身上。只要這樣做，就能在一瞬間充滿元氣。

我經常這樣做來創造出重新調整自己的時間。例如，感覺活動進行得不太順利，我會先到洗手間讓心情平靜下來，深呼吸，再重新確認自己的任務。

正念療法在日本變成目的而非手段

我的動中禪形式是取自合氣道的呼吸法，以及在 Google 學到的正念療法。

現在日本也很流行正念療法，但我發現冥想或正念療法本身變成是目的，大家都忽略了要專注於對方或狀況上，一起往有建設性的方向走。

大家參加正念療法的講座，經常是一起調整身體狀態、打坐冥想，然後就結束了。沒有人自覺爲什麼要冥想。

有時候正念療法的相關人士會邀請我去講座擔任講者。我看到上百人來參加，覺得大家都很有心，但一問起他們來參加的目的時，每個人都回：

「因爲很喜歡○○老師上課的氣氛，在這裡才覺得活得自在。」

我不太能理解這樣的說法。只有在這裡才覺得活得自在？這眞是匪夷所思。正念療法的目的應該是爲了讓人學會去到哪裡都活得自在才對。

懂得臨機應變，將決定下一次機會

我很重視偶然發生的事。偶然的狀況其實潛伏著各種機會。例如我現在寫的這本書，也是編輯提案所帶來的偶然機會。

對偶然如何反應，決定了下一次還有沒有跟偶然相遇的機會。

臨機應變的判斷是在日常生活中培養出來的。

前幾天我與一位經營者約定了一場對談，地點在一個共用工作空間。我第一次去那個地方。

當天我依約來到對談地點，看到牆壁上寫著：「The most important time is now.」

「當下最重要。」原來如此，正如字面所述，這句話一點也沒錯。我忍不住對那位經營者說：「這眞有意思！」我還特意站在這句話前面，請人幫我拍照留念。

在第一次去的地方，偶然看到「The most important time is now.」這句話，就是很單純的一件事。

但是，對偶然做出什麼反應，就可能有新的展開。或許某個人因爲看到我的反應，會介紹一本有趣的書給我，又或者爲我引介某個人。

這句話也可能成爲我著作的書名或講座的名稱。總之，有反應才會有新的發展。

更改行程也不錯失偶然

臨機應變的態度，我用「極端的實驗主義」「極端的機會主義」來形容。

假設我原本與人約定會面一小時，若相談甚歡，意猶未盡，我會更改下一個約會，留下來繼續聊。當然，更改行程會影響其他人，但我還是認爲日本人對更改行程的態度太過保守。

像公司的定期會議，如果不是非今天不可的約會，更改行程、把握更有價值的機會才是正確的決定。

「彼優特，今天七點有一個有趣的活動喔！」

有這種邀約時，通常我都會馬上反應。只要打個電話更改下一個約會就好了。

有國外的客戶或工作夥伴來訪，如果我感覺到這個人有魅力，我都會約他們一起吃晚餐。

如果對方晚上沒有其他安排，我就介紹好的日本料理店，讓對方享受好吃的日本菜，我也可以一起同樂。臨機應變，馬上安排一次愉快的活動。

掌握成功的最重要關鍵

我們公司有一個「勞動科技」專案，專門協助企業提供人才培訓的諮詢，UT集團是合作的企業之一。UT集團主要是經營派遣藍領勞工到工廠的業務，這間公司與其他派遣公司不同的是，他們派遣的藍領勞工不是派遣員工，而是UT集團的正職員工。

UT集團的挑戰課題是如何因應未來時代的人才需求。未來，工廠自動化一定會繼續發展，製造工業逐漸由機器人代替人力。自動化設備的工廠管理將需要人類的高度技術。

對在工廠值勤的員工教育與員工本身的學習意願都必須有所提升。UT集團與我們合作，就是爲了尋找解決方案。

我的夥伴多莉實地去拜訪了員工值勤的工廠，與員工們談話，並觀察他們的行動。

我們在員工訪談中得知他們並不是沒有在考慮將來的工作條件，「雖然現在在工廠工作，但還是希望將來能成爲白領階級」「希望有一天能成爲工程師」，他們其實都有提升職能的想法。

但是，我們也發現幾乎沒有人有具體落實的計畫和行動。當我詢問：「有具體在學什麼嗎？」大部分都回答：「沒有。」換句話說，他們設定了目標，卻不設法達成。

這個問題並不只限於藍領勞工，恐怕大半的白領上班族也都差不多。他們只是漠然地巴望著將來能升上課長或是部長，卻沒有展開什麼具體行動。

你應該要擔心的是沒有行動、一事無成，而時間就這麼流逝。

行動力就是分界線

現在各個企業都以比較柔軟的態度面對工作方式。越來越多企業允許員工兼職，雇用型態也變得多樣化。在職業型態自由且多樣的今天，不規畫未來、沒有行動其實是很危險的。

有具體計畫並付諸行動的人，就能更自由的選擇工作，而沒有行動力的人終將被鎖在工作當中。職業的趨勢正朝向兩極化發展。

我遇過的許多成功創業家，幾乎都是「再平凡不過」的人。外型並不突出，也沒有領導氣質，更沒有什麼特別的創意。但是，他們都有過人的行動力，反覆實踐從零到有的ＰＤＣＡ。

看過這麼多成功人士，我確信**付諸行動，而且要迅速執行，就是成功最大的關鍵**。

「樂在工作者勝」的世界即將到來

我在前一節提到了UT集團的藍領勞工以及他們的職業觀，針對他們的在職年資與工作內容進行調查後，我發現了一個很特別的現象。

即使在同一個工廠工作的工人，**工作內容越簡單的越早離職，而被委派技術難度較高工作的則任職越久**。

由此可知，人都希望需要動頭腦、能夠發揮實力的工作。簡單的工作很快就會感覺枯燥，但運用腦力和能力的工作卻可以一直做下去。

不過，這也只是最低條件。白領上班族的工作都需要腦力和能力，所以大多能長期任職，但大家的心態不免流於爲討一口飯吃。

工作和興趣要雙向並行

重要的是做更具挑戰性的工作。能夠在工作中成長，又同時享受樂趣才是最理想的工作方式。

我認識一個女生，她在製藥公司上班，同時從事戲劇等表演活動。她參與戲劇表演的程度堪稱專業等級，有時還會飛到紐約與當地的戲劇界人士、知名的音樂劇演員、電影導演等交流，最後更登上美國的舞台擔任主角。她成立製作團隊，現在不僅同時是演員和製作人，爲了向全世界推廣藝術，還發行電子報，在上面撰寫專欄。

在本業以外發展，有了精采的成果，讓她對工作更有自信。她深感由下而上推動公司內部工作方式改革的重要性，於是在工作業務外成立了女性活躍推廣專案。這個專案成功集結了女性員工，形成了社群，提出了她們的眞實心聲，促成她們與管理方的對話。最後，公司的人事主管和社長都表示支持，延攬她參與工作方式的改革，成爲其組織的重要戰力。

她的經驗遠遠超越過去「上班族興趣」的範疇。

每個時代都有爲興趣而生的人。過去我們認爲把時間花在工作上是爲了討生活，而享受興趣的時間才是自己人生的生存之道。但是，她卻將興趣結合事業，把興趣上的收穫，又回饋到工作上。

我的團隊裡也曾經有一個成員，爲了專注在他自己的程式設計興趣而離開Google，遠赴美國攻讀研究所學習IT，未來打算創業。

今後，像他們這樣結合工作和興趣「雙向並行」的人將會越來越活躍。享受工作的人才是眞正的勝者。我們也要跟上這股潮流。

挑戰誰都不做的事

我有一個記者朋友叫做佐藤友理，她正積極從事將日本能劇推廣到全世界的活動。她在美國大學研究能劇，取得碩士學位。現在成立了能劇的工作坊，積極向來自世界各地的人介紹能劇。

研究能劇歌謠有一定的人數，但評論能劇的人，尤其能以英語向國外發聲的人就非常稀少了。

我想說的是，**與其從事未來大概會流行的活動，不如參與「沒有人在做」「只有自己才會」的工作**。所謂沒有人在做的事是WILL而不是CAN，換句話說，與其問「自己能做什麼」，應該思考的是「自己想做什麼」。「能力」是從「意願」產生的。

日本人多半重視既存的價值和權威。參加就業活動的大學生大多不會考慮創業或到NPO去，他們幾乎都想進大企業。

但是，其實還有「不就業」的選項，不就業就會思考有什麼工作可做，進而挑戰「沒有人做的事」。

工作不是只有學習最尖端科技或開發新產品，成爲某些領域的評論家或引導者，也是從零到一的方法之一。

將喜歡的事物化為收益

我再介紹一個例子。

我有另一個年輕的女性朋友，她離開 Google，自己創業。她大學畢業就進 Google，一邊思索「自己想做的事」，一邊學習職業諮詢等技能。

最後她發現事實上自己最喜歡的是寵物，便以寵物飼主爲對象，在部落格上發表文章，現在更以寵物爲主題從事媒體活動的副業，賺取一點收入。興趣也好，玩票性質也好，認眞投入就能夠創造收益，這是一個很好的例子。

Google 的徵才標準曾經是「T 字型人才」，指的是在特定領域學有專精，以自己本身爲縱軸，累積專業知識、經驗和技能，同時也廣泛延伸橫軸，多方涉獵知識的人才。

後來又出現「π 型人才」，就是指有兩種專業知識，隨時可以切換視角思考的人才。

現在則是「H型人才」的時代。爲了創造革新，擁有不同的專業性不可或缺。**H型人才有一個強項專業，同時又握有聯繫其他人專業的橫軸，將不同的專業連結在一起，就像H字，是講求人和的人才。**

前面舉例的女孩不僅具有寵物一項專業，又以部落格爲橫軸，與其他人產生聯繫，創造出新的收益型態。

Google標榜使用者第一。他們非常重視使用者過什麼樣的生活、有什麼興趣，或以什麼爲樂這些資訊。因此，上班時間的二〇％可以花在職責業務外、自己有興趣的專案上，這就是所謂「二〇％自由時間」的文化，另外公司內部的「社團活動」也很興盛。

我知道並不是所有公司都會支持員工「以興趣辦社團」的提案。但是只要與員工的快樂有關，還是有公司願意接納這樣的想法。我希望大家不要放棄探索可行的方法。

第四章

會議、團隊的安排要從成果反推

團隊成員不要固定班底

說到日本職場的「團隊」，大家多半的理解就是像「業務一課」這種職場內的固定團體。

「爲了提升生產力，必須加強團隊的溝通，營造資訊交流通暢的職場環境。」

看到這樣的敘述，可以想像所謂團隊的成員，就是辦公桌相鄰的A和B，各自在固定的位置上。

但是，我對團隊有不同的定義。**團隊不是固定的，應該是流動性高的群體。這個群體因一個專案而產生，也會隨著專案結束而解散**。

我心目中的團隊，是在Google見識到的許多專案。Google的組織並不是金字塔型的縱向分布，而是人們因專案聚在一起，然後又解散，這樣重複聚集、解散的組織。

有人帶頭成立專案，有興趣的人自然會聚集過來。有魅力的領導者和專案就能吸引許多人。只要有如此豐富的人力資源，創造豐碩成果的可能性也會提升。

專案啓動後，中途有人加入或退出，大家都爲同一個目標努力。這種流動性的團隊組織，今後應該會越來越多吧。

「有專業技能卻做不出成果的領導者」欠缺的是……

過去的團隊，以領導者與團隊的工作內容必須一致爲前提。在業務領域累積資歷、精通此道的人，就可以成爲業務第一課的主管，也就是業務第一課長。

然而，今後的時代，爲創造從零到有的價値，領導者必須要有能力成立自己專業領域以外的專案。領導者不必精通自己專業以外的領域，只要

「延攬專家加入，協助團隊做出成果」。

我有一個Google時代的老同事，他還在Google的時候就成立了兩、三家公司。其中一家是開發製作法律契約文件的自動化設備公司。他本身不是法律專家，所以招聘律師加入團隊，負責設計契約書格式等項目。

領導者的專業技能與專案內容並不一定要一致，這樣的例子已逐漸成爲常態。如先前介紹過的「H型人才」，聯繫、延攬人力資源的能力比專業技能更重要。

不要小看溝通

我離開Google獨立後，做過各種專案。依照專案的需求，我對於不熟悉的領域，都是招聘專業人才一同參與。

例如我現在經營的Motify，提供運用人力資源科技和數據的獨家服務，但我其實不是工程師，也不懂程式設計。

因此，我的事業夥伴變成產品經理，他將設計好的東西交由工程師去製作，以這樣的方式提供服務。

在這樣的模式之中，重要的是爲了彼此交換必要資訊的溝通。**專案是成員運用各自的專業領域，合力完成一件作品**。所以，溝通不良可是攸關生死。

對於專業領域與自己不同的成員，該用什麼形式傳達必要的資訊，是我們必須盡早學會的課題。

因重視成果而開會的 Google 規則

溝通有各種階段，進行網路會議時感受尤其明顯。

網路會議大多確認完一些表面的聯絡事項就結束了，畢竟透過通訊設備無法談得太深入。因爲總會有陷入思考的時間，如果是直接面對面還不覺得負擔，但是兩端隔著通訊來回，片刻的沉默都令人難以忍受。因此，**先思考自己希望做什麼程度的溝通，必要時花費金錢與時間，直接見面開會比較有效率**。

在Google遇到重要的專案時，會以住宿集訓的方式，加強成員之間的溝通。我也曾經與專案的組員花很長時間開會，進行深度對話。

話雖如此，並不是專案人員只要長的時間待在一起談天說地就好了，在住宿集訓或會議上，最重要的產出是著重成果的溝通。

因此從成果回溯過程是不可或缺的步驟。

例如，製作新網頁時，不要漫無目的地提問：「要做什麼樣的網頁呢？」而是：「今天我希望和大家一起決定網頁的概念。我帶了三個樣本來，請大家提供意見。」像這樣，**提示素材**、**徵求意見**、**吸收改善的建議等等**，這樣做會更容易得到結果。

重點在於知道明確的目標，朝著目標盡早進行ＰＤＣＡ。在重視成果的溝通之下，製作出原型（prototype），再一步步改善。**看不出成果的會議最糟糕**。

在會議的過程中，若發現團隊的專業性或知識不足時，可以招募新成員，或是向其他團隊徵求資源。領導者必須能夠迅速決斷。

溝通能力的評估標準只在於「我是否能打動對方」

再多聊一點有關溝通的話題。

日本企業的人事部門對於徵求的人才，總是千篇一律地回覆「溝通能力」。

但歸根究柢，溝通能力到底是什麼樣的技能呢？

「與他人一來一往、暢談無礙的能力」

「觀察當下的氣氛，採取適切行動的能力」

「開會時，能明確提出自己主張的能力」

一句「溝通能力」包含許多面向，光是從定義講溝通能力開始，大家的回答就因人而異了。

我對溝通能力的看法比較單純，**溝通能力要靠結果來評斷**，這是唯一的絕對原則。

所謂「結果」，簡單說，就是能否打動別人。

我與各色各樣的人溝通過。回想起來，眞正感覺到溝通的意義，就是對方爲我所動、願意配合的時候。

比如說，有人讀完我的書說：「非常有趣。」我當然很高興，但是，我眞心希望他們能以行動實踐我的話語，即使只有一點行動也沒關係。

「彼優特，你說的話，我雖然聽起來有點不舒服，也有不太能接受的地方，但事實的確如你所說，我會試著改變看看。」

氣氛雖然變得有點僵，但我還是很高興得到這樣的回應。

拉近自己與對方的說法

我們與人溝通時一來一往交換的資訊分爲「自己想說的內容」與「對方想聽的內容」。

只偏袒一方的溝通都是失敗的。即使不能讓兩者的內容完全一致，也要努力拉近距離，否則不可能打動別人。

我在執筆時，也力求「自己想說的內容」與「對方想聽的內容」盡可能一致。尤其日語不是我的母語，我常常被編輯指正：「你舉這個例子，日本人看不懂啊！」表面上好像是被糾正，但其實是很寶貴的意見。因為我的目標是讀者看完書後願意付諸行動。

只要能成功傳達自己想傳達的訊息，稍微修正說法也是可行的，就像是為了讓食物更美味而添加調味料一樣。

我要再次強調，**對方付諸行動，溝通才算成功**。

領導者應該要最先了解這個道理。

「領導力」是全體成員應有的「技能」

過去，領導者被視爲就是部長、課長、經理等的高階主管。但是，擁有這些職銜的人，卻不一定能發揮領導力。我們應該理解領導力與職銜是完全不同的兩件事。

無關職銜或年資，領導力應該是全體成員都應該要有的「技能」。因爲團隊有流動性，領導者也會變成一個有流動性的角色。（詳細內容請參照《0秒領導力》（0秒リーダーシップ）。）

以Google爲例，公司裡有產品經理（Product manager）與程序經理（Program manager）。

產品經理負責領導產品形象的開發與營運。實際製作產品形象的是一群具有使用者經驗（User Experience, UX）的設計師。UX設計師設計好規格後，再交給程式設計師去編寫程式。換句話說，產品經理扮演了聯繫

ＵＸ設計師團隊和程式設計團隊的角色。

另一方面，程序經理則負責各種專案的磨合。如果是業務管理團隊，就有客戶關係管理（Customer Relationship Management, CRM）的改善專案、行銷專案等，啓動橫向聯繫統整。

有趣的是，產品經理與程序經理並不是一直擔任專案的領導者，有時候也會是專案成員之一。

依專案的需要，以領導者或參與者的立場發揮功能。

「改善過程的技巧」將提升價值

新進員工也有充分發揮領導力的機會。

今後，辦公室內若推行自動化，單純的作業將會逐漸由ＡＩ代勞。到時候，思考工作過程中哪裡有問題、該怎麼改善，實際進行改善的技能將會比正確無誤地處理同一作業的技能更具價值。

未來改善專案與開發專案的數量會遠超過以往。在這股潮流當中，誰能夠不拘職稱，以新的程序主導專案，就能獲得肯定。

幾天前，我與一位從事網路媒體工作的女性談話。她說剛進公司時，就是照著上司的指示一直撰寫文章。每個月有必須完成的配額篇數，爲此忙得不可開交。

但是，因爲網路環境和工作方法的變化，現在所有的執筆作業都外包給自由寫手，然後再由她進行編輯，整個工作的型態都不一樣了。

以前自己從事的工作有多少可以委外、能不能自動化等等，現在都變成她工作上必須思考的課題。

由於推行自動化及業務委外，提升了生產力，她也因此獲得肯定。

能夠改變工作過程的人，就能成爲領導者。他們努力嘗試改善的作爲，正是具有領導力的證明。

「能力最好的人當領導者」的時代逐漸告終

我曾經有一位客戶，經營眾包（crowdsourcing）翻譯服務Gengo。Gengo是在東京起家的創投公司，員工約六成是外國人，在矽谷也有辦公室。使用他們的服務，就能線上委託翻譯，將一本書發給多位譯者，有可能提升翻譯的速度。

他們不是在日本雇用，而是在菲律賓委派負責與譯者進行文意確認、維持工作效率的人才，這樣可以降低成本開銷。今後在日本居留的外國人增加，以英語作爲公司內部共通語言的企業也會越來越多，因此翻譯的工作將趨向眾包，是一個非常有可爲的事業。

像Google這種跨國企業早已在菲律賓設置辦公室，財務作業都是委外處理。面對這樣的趨勢，人事管理及領導的技能就更顯重要。只是做好被指派的工作不能成爲領導者，要能自己設定目標，發揮管理專案的能力，才是眞正的領導者。

Google 有很多內向的領導者

在Google，我遇到許多非典型的領導者。

尤其是工程部的領導者，他們個性害羞，說話時無法與人對視，而且多半不善溝通。

他們完全不會自我推銷，但技術方面的造詣足以壓倒所有人。公司有特定機制，能肯定這些人的能力，甚至能提拔他們成爲領導者。這正是Google 的魅力之一，也是他們的潛力。

成爲領導者的過程中可以上研習課程，但並不是要他們學習怎麼統領大家。

根據針對一萬名以上Google員工的調查結果，導出這樣的結論：「公司有領導者圖像這種類型的人存在、有助於提升組織全體工作表現。」這種領導者的具體樣貌如下：

- 提升團隊士氣，不採取微觀管理
- 關心團隊成員的健康與成果表現
- 有生產性且著重成果主義
- 善於傾聽團隊的聲音，積極促進溝通
- 幫助團隊成員建立職能
- 有明確的願景及戰略
- 具備能給予團隊建議的技術性專業知識
- （在工程團隊裡）有專業知識的優良教練

對於理想的領導者，我歸納出的重點有：**爲團隊打造發揮的舞台、激發每個人發揮最大的潛力、促成結果，以及能夠與周遭建立有建設性的人際關係**。

因此，內向的人，也能成爲領導者，實際在團隊中發揮功用。今後在日本的企業裡應該會有越來越多像我在 Google 遇見的領導者類型。

女性具有通行全世界的領導力

坦白說，日本還是男性爲主的社會。日系的大企業尤其顯著。只要看董事或部長層級就知道，**清一色都是仍抱持傳統思考方式的大叔**。

儘管政府提出二〇二〇年以前要增加女性管理職的比例到三〇%的目標，但是從大叔們完全沒有想要改變的態度看來，日本仍停留在男性主導的社會。

男性社會之所以不會改變，應該是因爲沒有刺激。在日本大企業熬了幾十年，總算坐上有扶手的椅子，那些什麼都不用做就能升上好職位的男性心裡想的是：「與女性員工合作一點好處也沒有。」這也難怪，因爲他們從來沒有和女性一起工作、順利產出結果的經驗。所以現在才要他們和女性合作……，他們完全沒有動力。

而且，事實上這些大叔與有能力的女性一起工作常常會發生摩擦。迴異的兩種人要一起合作，發生摩擦、生產力稍微降低都是很正常的。

但是，日本人只要遇到一點小摩擦，就想趕快逃離。原本應該是**克服摩擦、打好基礎後，生產力就會迅速提升，他們卻在重要關頭停下腳步**。每個人都怕麻煩，不願向前邁進。

最近，某大企業的一名年輕女員工還向我透露，她在公司為一個內部專案提出新想法時，被男主管駁回：「不要做沒人做過的事。」

公司高層口口聲聲說要革新，但這句「不要做沒人做過的事」才是大叔傳統腦袋裡的眞心話。

雖然組織中掌權的還是這些仍抱持傳統思考的大叔，但我認為日本女性的領導力非常值得期待。

日本女性知道「察言觀色」，懂得「尊重他人」。說女性懂得尊重，或許會讓人聯想成對男性卑躬屈膝的印象。但事實並非如此。

眞正的領導力，是令對方感覺舒服的親切態度。察言觀色、事事關心，

而周遭的人受到這樣的對待也會努力工作加以回報。

或許還沒有人注意到，這種技巧與通用於全世界的領導力完全吻合。

這麼看來，日本女性可能是全世界「最強的生物」。

不表達意見的成員不必來開會

領導力是要看場合發揮影響力。舉例來說，假設我擔任專案組長，開會時因故遲到了十分鐘。

如果是以前的團隊，可能會說：「組長不在沒辦法開會，我們等彼優特來，再開始吧。」但是全體成員都自覺有領導力的團隊，應該會覺得十分鐘也很寶貴。他們一定會先討論沒有我也不受影響的案子，這時主導討論的人就發揮了領導力。

「拿十分鐘來等待很浪費，我們趁這個時間來討論一下○○吧！」

提出這樣的做法，即使我不在，也可以討論我不在也不會有所妨礙的事情。在這種情況下主導會議討論的人，正在發揮領導力。

有時我也會拜託別人來主持會議。根據議題，讓最適合的人來主導就可以了。

在Google，小組會議的主持人是大家輪流當。大家輪流當主持人、紀錄員、計時員，團隊所有人都有機會成爲領導者。

全體參加、全體贊成的意義何在？

其實，由固定成員參加會議的思維逐漸失去意義。**應該以會議成果來決定與會成員**。從議程反推，就會自然篩選出必要的參加成員。議程有變，參加成員也會變。

日本企業的開會原則是要求全體參加。我與日本企業合作專案時，也曾經多次被叫去參加不必要的會議。而且，會議上還頻繁看到顯然不需要在場的成員。最多只需要三個人參加，卻有十個與會者。

「坐在那邊的幾個人爲什麼會議中都沒有發言？他們好像對這個會議沒什麼貢獻……」

我百思不得其解，但是其他人卻泰然自若，不覺得有什麼不對。善意的解釋是，這些在會議中保持沉默的人可能是會後執行細部作業的人。但如果是這樣，等開完會，再將會議紀錄公布到共享資訊上就好了，何必這樣浪費時間？**如果在矽谷，不發言的人通常下次開會就不叫他了。**

重視每件事都要求全體參加、全體贊成。這樣只是浪費時間，專案不會因此有進展。

未來可能會因爲各種意見太多，實際上無法靠全體一致表決而產生出結論，又或者能夠靠全體一致表決的主題本身早已落伍，沒有意義了。只要設定在每週固定例會或一對一會議時，共享資訊就足以應付了。

討論專案的大綱只需要最低人數出席，先把原型做出來將是今後的主流。檢討之後，再依需要增減成員，深入討論。在已經推行的企業裡，這樣的做法才是常識。

從「優質提問」開始閒聊，了解成員的價值觀

先前提到的一對一會議，我想再說明一下。

在Google，一對一會議的目的是爲了提升個人和團隊的「ＯＫＲ」。ＯＫＲ就是「目標與結果」（Objectives and Key Results）。所謂的「目標」因人而異，並非團隊全體一致。

「你的ＯＫＲ是什麼？」

這個問題不只是領導者問團隊成員而已，社長和領導者也都會被問到同樣的問題。他們總是要說明自己的ＯＫＲ，所以比任何人都更加在意。

設定團隊成員的ＯＫＲ時，領導者不知道每一個人的信念與價值觀的話，就沒辦法開始。這時就要運用「優質閒聊」。

比如說，用餐時這樣的對話：

「你今天也吃魚啊！你喜歡魚嗎？」
「對啊。」
「爲什麼那麼喜歡吃魚？」
「我在日本海附近長大，什麼魚最好吃我最清楚了。」

聊一些小事，就可以知道對方的成長環境或喜好的資訊。小事也會有派上用場的一天，所以不要錯失閒聊的機會。

「昨天的足球賽，日本隊贏了呢！」
「對啊，太精采了。」

這樣就只是普通的閒聊，不會再發展下去。常聽人說「閒聊會降低生產力」，指的就是這種沒有意義的對話。

「你爲什麼喜歡看足球？」「什麼時候開始喜歡的？」「有特別關注的球隊嗎？」重複這些提問或許就可以聽出與對方的信念或價值觀相關的資訊。所以，請積極詢問吧。換句話說，**優質的閒聊要從優質的提問開始**。

話雖如此，如果被別人咄咄相逼、追根究柢地質問時，你也會不知所措、不太舒服吧？所以，**主導者要「自我展示」，自己先起頭**。

「星期天我們全家去露營，遇到下雨，又滑又摔的，弄得很狼狽。只有小孩最開心。」

話匣子一打開：「您小孩多大了？」「去哪裡露營？我也喜歡烤肉呢！」應該會聊起這些。

兩方的關係加溫，就可以直接聊出信念與價值觀。

「你覺得現在這個工作有什麼意義？」

「你的願景是什麼呢？」

在一對一會議時，可以持續這樣的問與答，反覆溫習ＯＫＲ。

優秀的領導者「只」提問

Google中開發無人車等優秀創新商品的子公司「X」，其領導者對團隊成員簡報時，「只」負責提問。

而且，他們不會問：「這真的可行嗎？」「要根據什麼才能實現？」這種潑冷水的問題。

「如果預算和交貨沒有限制呢？」

「如果有十倍的資源呢？」

這都是一些將可能性拓展到最大的提問。

一對一的會議也是一樣，成員彼此都會很熱血地暢談自己的想法。所以不要讓他們只回答領導者預料得到的答案，利用相乘效果，引導出好的創意。

其實，**優質的提問在團隊成員失誤時也很有效**。

當發生失誤時，「搞什麼東西！」「就是那樣才會犯錯！」這種否定的口吻，只是打擊團隊成員的士氣，說不定他們下次反而會故意隱瞞失誤。

如果發現團隊有什麼不足的地方，可以這麼問：「再說明詳細一點好嗎？」「你覺得具體該怎麼做比較好？」「我會這樣做，你覺得呢？」

身為領導者的你，在一對一的會議時要問些什麼？即使沒有「一對一的會議」制度，還是有很多提問的機會，請儘管積極提問。

我在Facebook上看完兩百六十則留言後，發現實際上有三分之一的人認為「不應該對上司說真心話」，真是令人驚訝。換句話說，有三分之一的人不信任他們的上司。

此外，在溝通課題上，有三八％的讀者覺得「和部門內的部長與成員」溝通很重要，覺得「和部門內的課長與成員」溝通很重要的有三三％。

Google的內部工作調查有一題是「我的主管很尊重我」（My manager treats me as a person.）。你的團隊成員會回答「非常同意」嗎？如果不太樂觀，你覺得應該從什麼地方改善呢？

一次開會解決所有問題！

大家可能想不到，Google 其實是一個小型會議相當多的公司。公司裡有共用空間，桌子或餐廳之類的，有很多可以聊天的地方。

爲什麼要開會？答案很簡單，因爲比較有效率。

你以爲「IT企業都用電子郵件在溝通」，那誤會可就大了。什麼都要傳電郵，什麼都溝通不了，工作不會有進展。所以，經常是問聲：「現在有空嗎？」召集四、五個人，講講重點，把問題解決。

開完會後，總要有人歸納、彙整一份報告，或是根據討論內容製作企畫書，大家可能會覺得這是一般的做法，但在 Google 卻不必這麼做。

因爲會後還要整理這些紙上作業，再拿給參加者確認，實在太浪費時間。

不如全部都在會議當中完成就好了。**會議紀錄或資料就在雲端的Google文件上，所有人可以同時輸入**。這麼一來，會開完，資料也完成了。

專案的進行也可以採同樣的方式，製作好的文件上傳到Google雲端共享，成員各自依截止日填上必要的修正或發表意見。

如果是大家比較熟知的電子郵件方式，專案成員通常使用Word或PowerPoint製作文件，以電子郵件傳送給組長，組長輸入意見後，再傳給組員。這種方式不僅管理繁複，也損耗時間。

利用雲端管理文書，一道程序就能解決所有問題。

資訊要同步共享

就算不是面對面的溝通，也應該設法減少時間的損耗。

Google**幾乎不使用電子郵件**。郵件寄出後，在等待對方確認、回覆時，是不是覺得很有壓力？最重要的，如果人數是複數，重複這些過程，時間再多也不夠用。工作全數只能延後，想加快效率根本不可能。

電子郵件還助長了「帶回家的文化」。先把郵件帶回去，仔細研究之後再回覆。這和過去日本的傳統工作方式根本沒有兩樣。

那麼，成員可以同時交換訊息的**線上聊天室**又如何呢？一大家子同步交換意見，彙整資訊。過去需要花上好幾天才能得到結論的事，現在可以一次搞定。

而且，只要有網路，不論是誰、身處何處都可以上線。到國外出差的人、居家辦公的人都可以同步進行專案。

我身邊有越來越多經營者使用ＬＩＮＥ或Facebook。這種工具現在多如牛毛，不活用就太可惜了。

大家一起做出結論，花十分之一時間就能結束工作。多出來的時間，可以用來做其他有意義的事。能產出結果的企業都是這麼進行工作的。

催生革新團隊的條件

我們一起來思考看看創新的團隊需要具備哪些條件。

首先，最重要的前提是**「底線」**。所謂底線，是指支付給成員的薪資及健保福利，還有辦公室裡的電腦等所有的設備與整體環境。

接下來是**「資訊可視化」**。如果不共享資訊，而是歸個人所有，可能一部分的成員會覺得被排擠。

成員認同工作的意義，對工作有榮譽感也是不可或缺的。若不認同工作意義還勉強進行，就無法得到好結果。當然也不可能爲成果感到喜悅。

以財務的工作爲例，比起感覺自己「我只不過每天用Excel在管理數字而已」，「我正在管理公司至關重要的財務」這樣的動機更可以使人提高生產力。

心理安全與學習敏銳度

再來是**「心理安全」**。

所謂的心理安全，就是希望無論是誰都能夠眞實感覺到自己在團隊中是有歸屬感的。心理安全之所以應該受到重視，是因爲革新不可或缺的是需要有多樣性。

多樣性並不只是發生在物理數量上，如增加女性或是外國人的人數。重要的是「思考的多樣性」。我並不會特別堅持團隊成員必須是男、是女，或是外國人，也不覺得必須保持這樣的平衡。

成員的屬性不是問題，具有多樣性的思考才是最理想的。只是，思考多樣化就代表成員之間一定會發生意見相左的情況。

尤其是價値觀、信念、偏好的不同最容易引發衝突，或是受到輕視，我們必須要保障成員的心理安全。

我自己沒有宗教信仰，但我尊重工作夥伴的宗教觀，就怕不自覺地冒犯了別人的宗教。假設團隊裡有穆斯林，我們希望能創造出令他安心說「我現在要去做禮拜」的環境。

日本人可能不太習慣與價值觀或信念不同的人工作。但是，在Google是再平常不過的事，不同思想、宗教的人在同一個團隊裡工作是司空見慣的。

每個成員要能實際感受自己在學習、創造新價值，這很重要。有一個關鍵字**「學習敏銳度」**（Learning agility），指的是盡早從經驗中，學習在新環境中能學以致用、產出成果的能力。不是漫無目的學，而是要帶著成長的意願學習。

好團隊的任務會一直改變

在傳統的日本企業裡，大學畢業就進公司的員工被派任到業務或財務等特定部門，一邊規規矩矩上班，一邊提升專業技能。年資越久，就越無法想像自己從事業務或財務以外的工作。

反觀創業族，每一次都設定完全不同的成果目標，力求盡速達成。剛出社會的成員也會被委派完成各種工作。團隊不分內外，許多人互相牽引，創造新的價值。

團隊裡的每個成員都有寬闊的心胸，時常轉換不同跑道，誰都無法預測一年後團隊在做什麼。

我獨立創業已經兩年，工作的內容與獨立初期有很大的差異。兩年前根本沒想過會寫書出版，也沒有打算開公司。

通常容易轉換跑道的團隊，成員的**自我效能**都比較高。自我效能的意思就是，對自己「能夠適時適所採取必要行動」的認知。更簡單說，就是清楚知道「自己有能力」。

Google 讓員工擁有自我效能的方法

Google 獨特的風氣和制度的基礎，是來自於提升員工自我效能的方法。

首先是G2G（Googlers to Googlers）。簡單說，就是員工互相指導的制度。每個人將自己知道的資訊、方法教給別人，感受「自己是有能力的人」，藉此提升效能。

還有根據正念療法的搜尋內在自我（Search inside yourself）的課程也很有名。這個課程主要在加強情商中的「五個要素，就是自我察覺、自我規範、自我激勵、同理心、溝通」。

Google 也很重視分享典範實務和成功案例。

二〇一二年，奧地利的高空跳傘運動員費利克斯・鮑加納（Felix Baumgartner）挑戰自高度十二萬英呎（約三萬五千公尺）的平流層跳傘成功，創下當時高空跳傘的高度紀錄。Google 的員工以 YouTube 網路直播，全程見證這項創舉。

平時藉著分享這樣的事蹟，讓員工感受「真的可以在 Google 大顯身手」，確實提升對工作的期待感。革新的團隊成員之間便能互相激勵自我的效能。

看上司臉色行動的企業弱點

我剛開始在日本工作時，對於日系企業的員工必須看上司的臉色行事感到很驚訝。原因有二，一是得不到即時的回應導致沒有自信，二是太專注於眼前的工作，以至於看不到未來。

先前我寫到能產生創新的團隊成員都能感受到自我效能。而產生自我效能的基礎則有以下幾項：

1. **達成經驗**

這是最重要的因素，自己曾經達成什麼目標，有什麼成功經驗。

許多日系企業員工不敢負責，公司也不會委派他們重大的工作。反觀Google的做法，諸如Moonshot（阿波羅月球登陸計畫，意指月球車及Google眼鏡等大型專案）或十X的目標設定（設定十倍的目標），讓員工一直都有「延伸目標」。

你也不妨積極達成一個遠超過現在職務範圍的目標。

2. 代理經驗

觀察別人達成了什麼，具有什麼成功經驗。

日系企業不分享成功案例。師徒制度也不健全。Google有TGIF的全體聚會（第二一六頁）及G2G的制度，精采事蹟會馬上傳遍全公司。

請積極與身邊的成功人士接觸，找到屬於你的導師。

3. 言語說服

自己的能力能獲得言語上的說明或鼓勵。

日系企業多半都沒有即時回應的機制，也少有訓練的機制。Google除了有正式的評量機制之外，還有非正式的同步回應（在線上分享或要求意見回饋的系統）。

4. 想像體驗

想像自己和他人的成功經驗。

許多日系企業都要求員工專注於眼前的任務。Google有雷蒙德・庫爾茨魏爾等以預測未來和發明而知名的人物，也會邀請在各種領域有卓越成就的人來演講，爲員工製造很多想像成功經驗的機會。

或許有人會說，因爲是Google才辦得到這些，但其實不然。遠大的目標自己就可以決定，請同事分享成功經驗或許希望馬上得到意見回饋，也只要開口請託就能實現。關於未來的演講，網路上有數不清的影片，相關書籍也是隨手可得。

寧願被騙也要實行看看的人才有成功的可能。給自己一個體驗自我效能的機會，提升工作表現。試過一次你就會知道箇中樂趣，一定還會再繼續。

失敗的團隊問題出在上司的表揚方式

失敗的企業領導者的共同態度是什麼？答案是，他們都用性惡論在看待員工。

「我們公司的員工都是一群沒用的傢伙！」

「懶懶散散不能成事！」

「好想有一個能幹的下屬！」

最後還對我哭訴「彼優特，幫我想想辦法啊～」

在我看來，會這麼說的上司全都不及格。坦白說，最好全都開除。這清楚揭示了他們完全沒有建立與團隊夥伴的信賴關係。

這種主管得不到下屬回報任何資訊，就像是穿新衣的國王。而且，他們完全不了解現場，只會一味強迫下屬按照自己的做法。結果成效不佳就焦躁、惱怒，認爲下屬都不值得信任……這樣的領導者眞是匪夷所思。

有這種主管的下屬很可憐，該哭訴的應該是他們才對。但他們都畏懼主管，不敢聲張。「講太多又要被罵了，我可不幹」，同事之間也漸漸不願分享資訊。尤其越是負面資訊，越是知情不報。在工作方面，除非有成果，否則得不到主管肯定，導致沒有人願意冒險挑戰。因爲害怕失敗而不敢行動的例子，在黑心企業比比皆是。

在這種環境之下，不可能把工作做好。無論再怎麼鼓吹「要更創新、提升生產力」都沒用，如果光是強迫員工就能得到好結果，哪一家企業應該都成功了。

就像罵小孩成績也不會變好一樣

問題的根源在於溝通不足。

在成功的公司裡，每一個人都充滿活力。領導者和團隊成員、同事之間建立了互信。「想提出新點子」「想開心工作」，充滿愉快的氣氛。

這樣的職場就是有良好的溝通。

溫暖的溝通使大家能愉快地工作，這是很簡單的道理。公司難免會遇到瓶頸，但只要彼此互信，就可以一起克服困難，繼續努力。

那麼，建立互信的溝通關鍵是什麼呢？

就是要**表揚努力**。

假設孩子考了二十分，用力斥責他：「怎麼考這麼差？還不去念書！」成績也不會變好。大家應該想像得到吧。

如果改成這樣：

「這次考二十分啊。那下次再努力一點，看能不能考三十分。想想看該怎麼做比較好。」

如果下次眞的考了三十分，就這樣說：

「這是你努力的結果喔！下次的目標是三十五分喔。」

實際上，眞的有數據顯示孩子因爲這樣的鼓勵，成績就漸漸進步了。**成績會進步，是因爲感覺到自己被信任**。每個人只要得到尊重、信任，就會想要發揮實力。

打聽團隊成員的價値觀

公司也完全一樣。對業績不好的人說：「你眞的很沒用耶。還不努力一點！」聽到這種話的人，怎麼可能會振作。必須要關心他努力、有進展的部分，給予鼓勵。

所以領導者要仔細觀察成員的想法和行動，同時也要營造與團隊成員溝通的機會，了解他們的價値觀。

所謂「價値觀」就是你重視或當作目標的事。

如果團隊成員「希望能派駐國外」，就一起思考如何實現。若是團隊成員「希望能多點時間陪家人」，那就重新規畫能夠準時下班的工作內容。

這麼做，領導者自己就能動起來。因爲，只是默默坐著乾等，成員是不會回報任何資訊的。相信這樣行動一定會有令人刮目相看的成果。

偶爾要從「飲酒溝通」學習

Google 充實的福利，對員工的心理安全有很大的助益。員工餐廳免費提供三餐，還有自助茶飲及種類多樣的零食和點心。

除了良好的福利之外，公司還安排了促進溝通的園地。

其中之一就是TGIF，在Google 公司是「Thanks Google It's Friday」的縮寫。一般是「Thanks God It's Friday」（感謝老天，今天星期五！）的縮寫，用來歡迎週末來臨說的話，Google 調皮地調整、修改了一點。

具體來說，就是每到星期五下午，Google 總公司就會舉行全體聚會。

他們都在做什麼呢？

公司準備了酒和食物，由社長和幹部做簡報，參加者可以直接向他們提問，或是一起討論。

「我對社長的觀點有意見」——參加者可以盡情發表意見，社長會一一回應。不用擔心組長會氣急敗壞跑來斥責：「你竟然對社長這麼無禮！」

Google還有很多社團活動，讓同事聯誼交流。這不只是單純的交友活動，其實還有提升生產力的效果。這樣的安排是有科學根據的，參加愉快的社團活動，暢談自己喜歡的話題，目的都是爲了促進溝通。

找出自己的方法

下班的時候喝杯小酒、討論工作，或是和同事一起去健身。或許有人會說，日本以前就是這樣啊。

沒錯，日本企業以前都會舉辦員工運動會和員工旅遊，但現在連「喝酒溝通」都減少了。因爲曾經有不勝酒力的人指控被強迫喝酒，或是有家庭、孩子的女性員工無法參加而遭到排擠等負面印象，這也是事實。

我無意鼓吹要恢復以前那種喝酒應酬或員工運動會，但可以仿效Google在平常日安排輕鬆的聚會，或是摸索其他方式，例如舉辦午餐會、健行，甚至去迪士尼樂園等等，什麼都好。刻意製造同事聚在一起、可以暢談的機會，帶動溝通的風氣，就會連帶有提升生產力的效果，所以我希望大家能重新思考，找到適合自己的方法。

凝聚團隊士氣，可以提升心理安全，這就是營造溝通環境的價值。

第五章

以短跑的節奏管理體能

不樂在其中就無法成事。參加社團活動的心態不要帶去公司

我一直想不通，為什麼許多日本的上班族都認為工作很「痛苦」。玩嗜好或是陪家人的時候，他們看起來都很開心；但是待在公司時，始終就是一臉枯燥。

事實上，的確有職場禁止嘻笑、戲謔，說是他們秉持化痛苦為生產力的信念……其實根本就是公司要人在痛苦中工作。

「就算一開始不能得到肯定，時間久了，辛苦還是會有代價。」

「學長交代的事不用考慮，做就對了。」

「熬過被學長壓榨的時代，等他們畢業，就是我們的時代了。」

大家都在青少年時期就耳濡目染了學校社團活動的上下關係或這種很糟糕的思考方式。這種心理的延伸就是日本的職場。**「日本的社團活動將毀滅組織」，這樣指控應該不會太過分吧**。

因爲辛苦的工作是吃苦耐勞熬過來的，不甘心讓別人那麼愉快工作。認同愉快的工作，自己的存在價值等於被抹滅了，所以職場必須痛苦。正是這種想法阻礙了生產力的提升。

許多職場表面上看起來一派輕鬆，但其實暗地裡被這種氣氛所主導。工作不愉快就不能成事嗎？確實如此，不愉快就產生不了工作意願，實際上也無法產出成果。我希望大家都能明白這個簡單的道理。

不認真玩，工作就會遭到淘汰的時代已經來臨

領導未來的人才都很重視平衡。上班全心投入，下班也很充實。爲追求幸福，凡事都全力以赴。

在工作方面，無論是團隊的領導者或主管眼中的團隊成員，都要扮演好自己應該扮演的角色。在家庭裡，父親／母親，或兒子／女兒都有自己的責任。不偏廢於一個人的多重角色，都愉快地盡自己的本分。

公私平衡的人，看看他們的 Facebook，上面分享的都是與家人旅行、自己的嗜好等日常愉快的事。他們像享受興趣般地愉悅工作。

我見過的成功人士，於公於私都樂在其中。**我從來沒聽聞過成功人士行事無聊的案例**。

我自己喜歡在工作中說些愉快的話題。聊得開心，就能相處融洽。接下來我要介紹兩個案例。

首先是在 Mistletoe 從事創業投資的鈴木繪里子。她原本服務於外商投資銀行，因懷孕生子，開始思索如何在工作與生活取得平衡。她一邊照顧兩個年幼的孩子，同時挑戰設立矽谷無人機創業投資的日本法人。之後爲了能直接支援社會公益事業而加入 Mistletoe。

她認爲人的多樣性與多面向必須得到釋放，才能夠改善社會，因而加入 FUTURE FEMALE 活動，同時又擔任日本最大規模金融科技公司 QUOINE 的數據兼溝通負責人，展開各種行銷活動及舉辦工作坊，對家庭和事業都全心投入。

另外一人是日本人力資源巨頭和招聘網站營運商 Recruit Holdings 的常務執行董事北村吉弘。他充滿熱情，每天活力十足，樂在工作，還在公司成立遙控飛機社團，盡情玩樂。

遙控飛機原本是他的個人興趣，他在家與孩子一起同樂，後來之所以帶到公司，是因爲有女性員工透露「我也想玩」。有了「社團活動」，可以工作兼顧玩樂，兩者的界線漸漸消失。

白領上班族的工作若大部分藉由 AI 而逐漸自動化，可能就只剩下開心的工作了。或許工作和玩樂會越來越接近。

未來的職場，分不清工作還是玩樂的狀況將會變成常態。

我所經營的 Pronoia Group 有三個文化標語：

Play work／像遊玩般工作

Implement first／樹立典範

Offer unexpected／提供超過別人預期的服務

我把「像遊玩般工作」放在第一項，是因爲不認眞玩，工作就無法創造價值。換句話說，不會玩樂的人將被淘汰的時代已經來臨。

日前我有幸與理查．謝立丹（Richard Sheridan）一起對談，他是號稱美國最幸福職場 Menlo Innovations 的公司創辦人兼 CEO，也是《喜樂公司：我們如何打造出有愛的職場》（*Joy, Inc.: How We Built a Workplace People Love*）這本書的作者。他認爲人因追求「喜樂」而感受到生而爲人的價值，也才能與旁人建立互信，帶給企業、員工、客戶最大的利益。

所以請盡情地享受工作與玩樂吧。

短跑式思維比馬拉松式思維更能發揮

能夠實現自我的人通常具有的都不是馬拉松式的思維，而是短跑式的。馬拉松一旦起跑，就要一直跑到終點。有時會突然慢下來，也很可能中途就體力透支。

而短跑則是一次全力衝刺完，再等待下一次的比賽，中間可以好好休養，檢討前次的缺失。

馬拉松式思維通常容易變成長時間的勞動或過勞，短跑式思維則重視強弱緩急的調整，通常較能專注於一件工作，時間的運用也比較有效率。

今後獨自一人反覆短跑式的工作方法將成爲主流，而不再全體一起花時間跑馬拉松。

短跑要怎麼拿捏間隔，因人而異，二、三個月做出結果就休息的節奏是最理想的。**大家不妨有意識地感覺「做出結果→休息」這樣的循環。**

這個方法不僅適合耗時數月的專案，也可用於一日的任務。關於「平常會設定期限完成工作嗎？」這個問題，有七二％的國際菁英回答「是」，反觀日本人回答「是」的卻只有三三％（根據《PRESIDENT》雜誌二〇一八年一月第二十九號）。停止無止盡的加班，當天的結果完成了，就趕快下班回家休息吧。我建議還不習慣這種節奏的人，今天就開始實行。

改成短跑式思維，就知道應該將工作步驟細分，如此現在應該專注完成的事情也會更加明確。從結果論來說，就會養成更容易產出結果的工作方法。

休息的時候，要徹底從工作中抽離

在第二章我曾經寫到最近正在提倡「一年就要脫胎換骨」。脫去外殼，想像自己比去年更成長一些，更向上進步了一些。

要脫胎換骨，必須先停下腳步。**一年當中至少要計畫一星期獨處的時**

■ 馬拉松式工作法

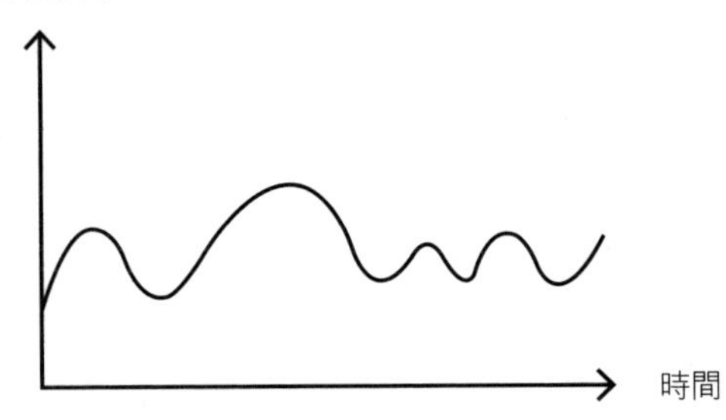

■ 短跑式工作法

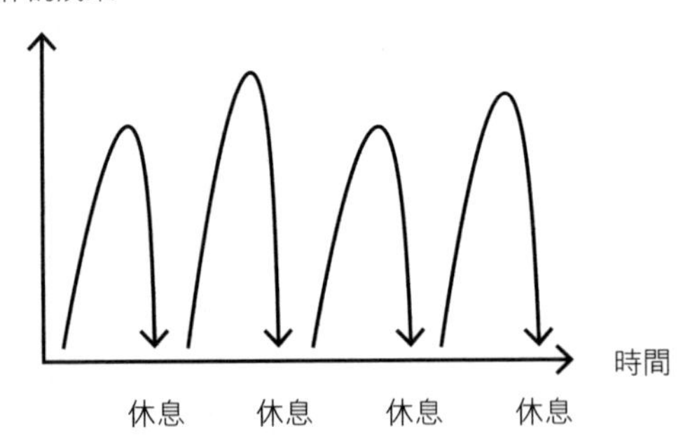

間最爲理想。在這段時間讓自己的心靈和身體都煥然一新，蛻變成新的自己。

我的蛻變方法就是去潛水。二〇一七年夏天我照常計畫了一次潛水蛻變之旅。

要離開日本必須下很大的決心。我每天接觸的資訊量過於龐大，使我身心俱疲，我也自覺工作表現越來越差。但是，每個演講和研討會的邀約都很難得，我的蛻變之旅只好一再延後。「很忙」「很多事都還沒上軌道」，這些藉口讓我陷入馬拉松式的工作，難以脫身。

結果，我一邊覺得忙得不像自己，卻繼續工作。我也因爲疲倦，開始對工作感到厭煩。就在這時候，一股念頭湧了上來，我決定休息一星期，到菲律賓去度假。我必須停下腳步，爲下一場比賽儲備能量。

我熱愛潛水，已有十二年的經驗。我看過鯊魚暢遊大海，也探索過沉船。坦白說，新發現已經越來越少了。

不過，潛水時的深呼吸和與世隔絕的享受，每次品嘗這兩種感覺都很新鮮。海中的色彩與陸地截然不同，身體的動作也不同於陸地，讓大腦有錯亂的感覺。我在海中悠哉地享受這種錯亂，這才是專屬於我自己的時間。

一星期的假期，我每天潛到海裡三次。一開始潛下去時會有點不太習慣，因爲大腦和外界還有聯繫，心裡還惦記著工作。

不過，第二次潛下去時，大腦已經冷靜下來。第三次似乎一切都豁然開朗，完全沉浸於大海的世界。「世界有這麼安靜嗎？」我又重新發現這個寶貴的體驗，隔天開始，我便將工作完全拋到腦後了。

我不是推薦大家去潛水，任何事都好。最重要的是，蛻變必須遠離一切資訊。**與滿腦子工作的自己保持距離，這樣對後設認知＊極具意義**。

暫時休息才能俯瞰自己

「蛻變」之後，回到工作崗位，感覺已經耳目一新。工作中愉快或有趣的部分變得鮮明。另一方面，也會注意到不做也沒關係，或大可拒絕的工作。

會接下不做也沒關係的工作，是因爲自己的後設認知不足。暫時的休息，可以從不同的高度俯瞰自己。

我要再強調一次，反覆的短跑式工作方式非常重要。

特別是醞釀新價值時，一定要營造客觀檢視自己工作的機會。仔細反思現在做的工作是否眞有意義，可以就此放手不必要的工作。

明明可以將這樣的工作委外或自動化，卻老是重複做相同的工作，身體終究會吃不消。若因此而錯失成長的機會，才眞的是得不償失。

---

* Metacognition，思考自己認知的過程。

管理四種能量

Google 有所謂 Managing Your Energy，也就是管理自我能量的研習課程（由 The Energy Project 公司授權提供），我也是其中的認證講師之一。

課程中將人的能量分成以下四個層次：

physical energy／身體能量

emotional energy／情緒能量

mental energy／專注能量

spiritual energy／來自生命意義的能量

將各種層次的能量調整好，才可能創新工作。課程帶領學員回想四種能量層次，將自己調整到最佳狀態。

①身體能量

調整身體能量**最重要的就是睡眠**。

我會配戴測量活動量的 Jawbone Up 智慧手環來調整睡眠。只要每天配戴，就能掌握我每天行走的步數、脈搏、睡眠的模式等。

我們都聽過睡眠的兩種模式：快速動眼期（Rapid Eye Movement, REM）與非快速動眼期（Non-rapid Eye Movement, NREM）。一般我們把REM稱爲淺層睡眠，稱NREM爲深層睡眠，大約以九十分鐘爲週期循環，一個晚上會重複四~五次。

人在熟睡時被吵醒，會感覺很疲累。有時候聽到鬧鐘聲響醒來，一時之間還搞不清楚自己在哪裡或在做什麼，意識朦朧的狀態。這就是深層睡眠時被迫醒來的狀態。

智慧手環可設定在淺層睡眠時段震動，睡眠就可以調整得最理想。

我在Google時代經常要出差。從美國或歐洲等地區回到日本時，總是被時差弄得很困擾。爲了避免這種情形，當時我就很注意睡眠管理。

我的理想睡眠模式是晚上十一點就寢，早上六點起床。爲了了解這個模式，我反覆進行PDCA，嘗試在各種時間入眠和起床。體能狀態對工作表現有很大的影響，請務必掌握自己的睡眠模式。

順道一提，就寢前暴露在電腦或手機的藍光下會造成睡眠障礙，請謹守睡前三十分鐘停止使用3C產品的原則，若實在不能避免，至少要設定成夜間模式。

吃飯、飲酒的重點

早餐要吃得好是基本原則。每個人一天的最佳用餐次數都不一樣。以我爲例，一天四～五次少量多餐是最自然的攝取方法。不過，也有提倡一天進食超過一次的說法，無論如何，改掉我們明明肚子不餓卻堅持一天要吃三餐的惰性飲食比較好。

飲食的內容，首先應該要減少碳水化合物和醣類的攝取，攝取過多會發胖，也會讓人昏昏欲睡。剛吃完會很有精神，但不久後就會開始想睡覺，這很可能會妨礙工作。

飲酒應該要適量。我也很喜歡喝紅酒，不會叫人不准喝，但記得要遵守適量的原則。

我夜間必須工作的時候，會喝一、兩杯紅酒，可以幫助集中精神。但是，超過三杯就無法專心。

有時候自己以爲「應該沒關係」，但隔天檢查成果時，才發現有一大堆不該犯的失誤。現在我一定遵守適量飲酒的原則。

還有，工作的空檔也可以適度運動。能去打打球，或是到健身房鍛鍊是最理想的。其他像爬樓梯、健走、騎自行車等，平常都可以找時間運動一下。

不對抗自然循環，提升工作表現

所有動物的生活中都有各種循環：生與死的循環、季節的循環、起床就寢的循環、女性的生理循環等。

工作上要有好的發揮，就得善用這些自然循環，而不是想要違背或對抗它。

「工作表現」一詞，也可以分成短期表現和長期表現。所謂短期，是指當下的表現，而長期則是預期未來一、兩年的表現。

有時兩者背道而馳。極度專注發揮短期表現的結果是產生疲勞，恐怕會造成長期表現難以持續。

因此，我們才會發想出**重複適度的專注和鬆弛（休息），努力在短期及長期的工作表現上都能夠維持良好的發揮**。

我們應該也要注意一天當中的節奏。

人的專注力最多只能維持九十分鐘，所以大學的課程也以九十分鐘為單位。所以最好避免持續工作超過九十分鐘，中間穿插休息時間的循環才是上策。

試著暫時離開桌子，出去散散步、買杯茶來喝、小睡片刻，出去外面看看天空……我非常建議找出適合自己的休息方法。

②情緒能量

人都有情緒。高興時喜悅，難過時悲傷，這些都是人才會有的情緒表現，我們不可能沒有情緒。但是，在負面情緒下展開行動，可能與他人產生糾紛。所以，我們才希望能學會如何管理情緒能量。

管理情緒能量的大前提是，察覺自己的情緒。

所謂察覺自己的情緒，就是理解自己正處於什麼樣的情緒當中，以及箇中原因。

如先前所述，調整身體能量是最基本的。身體能量不足時，就容易產生破壞性的情緒，也會無法專注。

我疲勞時會很沒耐心。只要焦躁不安，就有可能會採取負面的態度或行爲。爲避免這種情形發生，在開口發言之前，我會先深呼吸，或是想辦法找時間休息。

將憤怒傳化成有建設性的行動

大腦內負責處理好惡悲喜等情緒反應的是杏仁核。杏仁核對人類本能的管理有非常重要的作用，人因恐懼做出迴避危險的舉動也是杏仁核的關係。

令人遺憾的是，白領上班族大多在工作時放任杏仁核產生反應。比如說，被主管嚴厲斥責時，有人會情緒失控、反擊。這就是出自本能的反應，完全失去信任和尊敬。

被主管斥責，覺得討厭或生氣是很正常的。但是，任憑這種情緒發洩出來就有問題了。

如先前所述，察覺自己的情緒很重要，再來就是要**思考是否有必要有這種情緒**。

根據大腦科學的研究指出，人類的本能反應應該在九十秒內會穩定下來。在這九十秒當中深呼吸，好好體驗自己的情緒。

九十秒過後如果還繼續生氣，那就證明你的大腦裡已經產生了惡性循環。你已經被憤怒影響了，思考也變成非理性狀態了。盡早發現這一點很重要。

具體的做法是幫自己的情緒取名，像是「生氣」「開心」「焦躁」等。

接著，思考這種情緒是否有必要存在。若理解是不需要的，就不要再爭辯下去，你可以這麼說：

「我知道了，請給我一點時間，明天之前我會思考如何改善，再向您報告。等一下還有會議，我先告辭。」

就像這樣，先離開這個場合。

人之所以憤怒都是發生在自己重視的價值被攻擊的時候。例如，我很重視自由和自我實現的價值觀。我爲了實現自我而企畫專案時，若被主管說：「你把自己本分的業務做好就可以了，不用搞什麼新專案。」我一定會很生氣。

回想一下自己過去生氣的事，會看見自己的價值觀。認識自己的價值觀，就能知道價值觀受到傷害一定會產生憤怒的情緒，這樣下次就能事先做好準備，不讓自己再次生氣。以剛剛的例子來看，我應該可以更委婉地跟主管周旋才對。

情緒被激發時，帶著憤怒直接衝撞只會造成人際關係的問題。不僅如此，你也會對憤怒的自己感到失望和可悲。兩種情緒複雜交纏在一起，問題就更難解決。

我要再次強調，一定會湧出情緒。適切認知湧上的情緒，採取對下一步有益的行動吧！與對方積極對話，就能把問題解決。如果暫時做不到，那就像先前我所提議的，換個時間和地方再嘗試就好。

善用正面情緒

適當處理憤怒的同時，也要積極善用正面情緒。我自己最近深深體認到感恩的重要。就算工作繁重，要做的事情堆積如山，**看到同事顯露出疲倦時，一定要傳達感恩的心情**。

約對方一起吃午餐，即使只有一小時也可以去小酌一下，告訴對方：「最近眞的很忙，感謝你陪我一起努力。」「你的工作對我、對公司都太重要了，眞的很謝謝你。」

這種時候，看著對方的眼睛，誠懇地對他說出感謝的言語。只是表示感謝，就能大幅改善人際關係。

使用正向語言也很重要。假設你聽見同事發出「都沒有人願意幫我」這樣的問題或抱怨時，你可以以正面表述的方式替他換句話說：「我懂，你希望大家都能幫忙。」這樣更有建設性。

只要在選擇用詞上稍微用點心，將不想做的事改成期望做的事；將過去改成現在、未來；將沒有的東西改成有的東西，結果會大大不同。

③專注能量

從事創造性工作的人，並不會只是按表操課，而是在自己有能量的時候，一心一意地專注在工作上。

心流（Flow）理論的研究發現，**普通的白領上班族一天八小時的勞動時間，其實只有三十分鐘進入心流狀態**（Flow是「流動」的意思，簡單說就是意識處在最佳狀態，能非常投入，精神也非常放鬆，忘卻時間、全神貫注）。

心流狀態若能增加三倍，也就是九十分鐘的話，生產力便會加倍提升。

換句話說，營造使人容易進入心流狀態的環境很重要。爲了在應該專注時有最好的表現，必須重視管理能量。Google抱持這個觀點，因此在辦公室的設計上，加入許多提高生產力的巧思（Google的環境營造將在第六章詳細介紹）。

管理專注能量的方法有很多。例如，在狀態很好、思緒清晰的時段，從事像召開重要會議、撰寫文件、反思等這些重要的工作，而疲勞的時段就進行簡單的事務性作業。

並不是單純爲工作內容設定優先排序，而是**依照能量的狀況來分配工作時段要做什麼**。

不過，所謂適切能量的定義，也會因爲工作內容而有差異。例如，我們在腦力激盪時，需要帶動成員情緒高漲的能量才足以與身邊的人高談闊論。另一方面，就寢前放鬆的能量，比較容易萌生新的創意。

雖然也有工作是自己無法掌控的，但還是希望在可控制的範圍之內，努力讓工作和能量一致。

專注的條件

調整身體能量和情緒能量也很重要。

例如，牙齒很痛或非常煩惱時，無法專注工作。所以，這時就應該要先調整自己的狀態。

牙痛或煩惱這些還都算是比較容易掌握能量混亂的狀況，令人意外的例子是疲勞，因為疲勞很容易被忽略。疲勞的時候，常常發生自己想要全神貫注，實際上卻完全不能專心的情形，只有自己覺得好玩，身旁的人都不認為。這就像是喝醉酒在工作一樣。

因此，**當身體和情緒的能量不足時，一定要休息**。

通常我們都以為「專注」就是投注很大的心力，其實倒不如說放鬆穩定的狀態才更接近專注。

當我們想著「要專心」的時候，一定都專心不了，這就是證明。「回過神來，發現已經讀完整本書了」「一工作，不知不覺就過了一小時」，像這樣的時刻都是事後才發現「剛才很專心」。所以，我們必須先讓身體和情緒盡可能放鬆才對。

④來自生命意義的能量

最後是來自生命意義的能量。這是當我們**自覺自己爲何而生時所產生的能量**。

要提升這種能量，要先明確知道自己的價值觀：自己能創造什麼價值？自己能爲世界帶來什麼？自己最重視什麼？重新開始確認自己的信念。

我覺得很遺憾的是，在許多企業裡，同事間沒有機會聊到這些問題：

「你有什麼夢想？」

「你希望爲世界帶來什麼樣的價值？」

「你在工作上重視的價值觀是什麼？」

大家在不知道彼此的夢想、價值觀、信念之下，漠然地一起工作，真是匪夷所思。

若互相理解對方重視什麼價值、想要做什麼事，工作一定能進行得更順利。為了活用自己的心靈能量，就應該要先理解別人的能量。

為夢想解放思考的時間

再次回顧我的人生，曾經有一段時期，我懷有明確的夢想，並朝著夢想努力，也有一段放棄、甚至忘記夢想的時期，那時我生活品質非常低落。

我出生、成長的環境是在共產國家的一個小農村。包括我的家人，村裡的人都過著貧苦的生活。我小時候的夢想是：「到各國旅行」「住豪宅、開好車」。

我每天都在想像「去種有椰子樹、一望無際的南國，看波光粼粼的大海」。上學時，最喜歡的科目是世界地理，去圖書館也是專挑地圖和旅遊書閱讀，想像著從未去過的國家。

長大後，每天過得很忙碌，漸漸地忘記自己的夢想。我在Google的時候，也有一段時期，忙到完全忘記夢想。

人之所以忘記夢想，是因爲沒有想像的時間。就像我小時候想像出國旅行般，人是靠著想像來維持夢想的。

現在的時代，任何資訊都垂手可得，在日本也可以得知外國的狀況，跟我的童年時代完全不能相比。或許因爲如此，許多人都只是被動地接收資訊，懶得想像了。

找一個放鬆的地方，好好想像一下自己眞正喜歡什麼？重視什麼？有什麼夢想？我希望你能安排出這樣的時間。

自己選擇的疲勞是舒服的

我的英國友人安東尼．威洛比（Anthony Willoughby）是個怪人。他二十二歲時買了一張西伯利亞鐵路的單程車票，毅然展開冒險，旅行來到日本。他還曾經手划木槳橫越尼羅河、挑戰當鬥牛士、到巴布亞紐幾內亞探險、旅居蒙古……總之是個有一籮筐趣事的人。

他現在成立了一家訓練公司，叫IWNC，在各地提供建立團隊及培訓領導人才的課程。他來日本就會跟我聯絡：「彼優特，你有沒有空？出來喝一杯啊！」是一個非常隨和的大叔。

他聽我說「每天很忙很累」，便不客氣地回：「這都是你自找的。」

他說得沒錯，我決定創業，所有疲憊都是我自己選擇的結果。沒有人逼我做什麼，是我自己選擇這樣工作的。這麼一想，連疲勞也變得舒服起來了，眞不可思議。

疲倦時才有機會察覺自己內心的聲音

我每次感覺有點疲勞的時候，很意外地就會跟人聊起深奧的話題。我說不上來是怎麼回事，就是一種疲勞、恍惚的狀態和我的潛意識聯繫在一起的感覺。

我精神好的時候，總是急著追求接下來明確的結果。一心想對社會大衆宣揚理念，很在意社會的評價。這些固然重要，但疲勞的時候，我可以稍微停下來，思考其他的事。肩膀放鬆後，便能侃侃而談眞心話，就能與思考過自己人生意義的人暢談，這些都是發生在有點疲勞的時候。

所以，就算因爲自己所選擇的工作忙累了，在夜裡撥一點時間聊聊心裡話也是很重要的。

第六章

充分活用人才的企業做法

活用人才的企業認爲「公司是爲實現員工自我而存在」

「工作幹勁」與事業的結果息息相關。有數據顯示，**「工作幹勁」對事業有很大的影響，生產力增加二一%，利益也上升二二%**。

日本的企業有什麼問題呢？首先，共通點是企業多半認爲「員工是公司達成經營目標的手段」。這種企業的特徵是：典型的金字塔型組織、封閉型的企業活動、上對下的指揮命令體制、重視商品（忽視使用者）等。

我想問一個問題：你會使用家裡電視遙控器的所有功能嗎？我想幾乎沒有人會。但是，Apple的遙控器呢？它只有五個按鍵。我問過好幾家製造商，日本人爲什麼把遙控器做得那麼複雜？他們的回答令人傻眼：「因爲別家都這樣。」

過去，HONDA汽車的創辦人本田宗一郎心疼太太出遠門購物的辛苦，爲了減輕她的負擔，製作了摩托車。製造業最初明明應該像這樣，是爲了滿足消費者的需求而生產商品的，但現在竟然理所當然地說「因爲別家都這樣」。

在這樣的公司上班，「工作幹勁」一定會變低吧！從二〇一三年到二〇一四年，日本的員工敬業度（員工對公司的認同或歸屬感）雖然上升了四％，但最高也僅止於三八％，一直到二〇一六年還是只有三八％，與全球平均值六三％比起來，**日本的員工敬業度是全球最低**。

換句話說，日本的企業有必要讓員工感覺值得付出，以提升他們的工作動機。爲此必須把握三個非常重要的要素。

第一項是「目的」，即工作的意義。

第二項是「成長」，即學習新事物。

第三項是「自主」，即增加選項。

接下來，公司對單一個人的成長，有必要給予更多的關注和協助。**營造員工能夠實現自我的環境，就是企業今後的課題。**

在這點上，日本的中小企業比大企業有更多的優良示範。我提供顧問服務的岡山縣小橋工業株式會社就是其中一例。此家公司被日本最大信用調查公司「帝國數據銀行」評價為最好的中小企業，更是首次贏得日本經濟新聞社旗下的企業信用評等公司「R&I」（Rating & Investment Information, Inc.）3A級最高評價的日本公司。拖引作業機市場的收益比例，與耕耘爪市場的銷售比例都是日本第一。

小橋工業創業於一九一〇年，現在的社長是第四代的小橋正次郎。他的野心是「改變農業」，目前還在研究所攻讀MBA學位。公司的員工都非常認同改變日本農業的理念，願意為社會做出貢獻。

而且，因為全體員工有共識，大家可以自由地進行改善或測試。工廠的口號是「把昨日的小橋當作競爭對手」。公司的文化是如果失敗，大家再一起思考如何改善。所有人都不甘於維持現狀，對革新充滿動力，工廠的員工敬業度竟然將近九〇%。

提升生產力的職場環境

所謂的營造環境，其中之一就是創造讓人進入心流狀態的職場環境。爲了創造這樣的環境，讓每個人在每一個瞬間都能專注且放鬆的工作，至關重要。

例如在Google的辦公室裡，除了有個人可以專注工作的小空間，也有可供多人討論的寬大會議桌，或是站著照會的寬敞空間，連小睡片刻的休息室和遊戲角都有。必要時，可以依需求改變工作環境。

爲了讓自己工作表現發揮到極致，自己在工作方式上下功夫，在最專注的時候工作。這樣的想法能對生產力帶來非常大的影響。

有證據證明，**員工若進入心流狀態，想像力和問題解決力可以提升四倍，甚至經營者若進入心流狀態，公司的生產力可以增加到五倍**。今後在思考工作方法上，營造能夠進入心流狀態的環境是不可或缺的。

員工配合公司需求工作有其局限

最近常聽到「多元化」或「改革工作方式」的說法，但實情是，大部分的例子幾乎都還是停留在公司主導、員工配合。

無論是成立女性活躍推廣室、增加女性管理職，或是爲生產、育兒的女性提供更多工作機會等，這些藉著改革工作方式來提升生產力的措施，根本上都還是爲了公司的發展。說穿了就是配合公司的需求。

讓員工配合公司的需求工作有其局限。不論是誰，都是爲了追求幸福而工作。並不是有公司才有工作，而是有想做的工作，爲了做那個工作而進入公司。這樣才是正確的順序。

但是，社會上還有許多人是配合公司的需求在工作。問問學生的看法，他們的回答也盡是夢想能進有名的企業。

冷靜想想，看名字選公司眞的很荒謬。明明就算是股票上市公司，也不能保證它能永續經營，怎麼能只在乎公司名氣，打算凡事配合公司的需求而生存下去呢？

把自己的存在全都寄託在公司，萬一哪天公司沒了，自己也失去了生存的意義，最後走投無路，選擇自殺。我看再也沒有比這更貧乏又不幸的職業觀了。

經產省推廣的工作新方法

二〇一七年夏天，我與帶動日本經濟活力的民間組織經濟產業省（Ministry of Economy, Trade and Industry, METI）有交流，接受他們媒體 *METI Journal* 的採訪。

事件起因於一位經產省的職員，在某次活動上聽了我演講之後，與我聯繫，「希望能見面聊聊」。我最初接到邀約時，有點緊張，心想該不會是要跟我抗議「老是對日本的工作方式說三道四、大放厥詞」吧？

結果我沒挨罵，倒是經產省還對我很感興趣，讓我大感意外。畢竟經產省就像傳統菁英的代表，我一直以爲他們對工作的觀念很保守。

「我與經濟產業省談過之後，某種程度上，突然覺得很安心。因爲，我們針對許多問題，有共通的問題意識，也都提出了有效的措施。」我在採訪中這樣陳述。我說這些話都出自於眞心。經產省眞的出乎我意料，他們也很積極地推動新的工作方法。

經產省的中堅職員都是傳統菁英。這一群人的成績表現優異，自名校畢業，順利踩上升遷階梯。不過，有趣的是他們這些傳統菁英反而比一般民間企業更有新意。

經產省正在籌畫各種改革工作方式、推廣多元化，及HR科技（Human Resource Technology）等事務。HR科技是指人事評等、錄用、人才培訓等運用AI或物聯網（IoT）技術的勞務管理，參考大數據的人才運用等，提升企業的人事機能，或應用穿戴式裝置、改良工作方法的技術。經產省舉辦「HR - Solution Contest」競賽，Motify也以新進員工培訓計畫獲得「最受注目創業獎」。

經產省正努力與其他部會合作，建立新創生態系統（有機的連結，像創業家、創業支援者、企業、大學、金融機構等，讓新事業或新創企業成長、壯大的「生態圈」）。

而目前正具體推動的是派遣高度技術力的中小、中堅、創投企業等赴矽谷培訓等計畫。

價值觀相同的人聚在一起，也無法創新

經產省不僅要推動革新，也深刻地認知到多元化的必要。爲了實現這個目標，他們已經擬定好路線。

即使穿著雷同的西裝、有同樣價值觀的人聚在一起，新的創意也無法

誕生。只要想一想，這其實很正常。

推動多元化的企業並非只會較容易產生新創意，在某個面向上，也必須承擔很大的風險。因爲面對逆境時，要集結各種智慧才能重新站穩腳步。

不過，我也十足了解日本的傳統型企業難以革新的困境。

在日本，多元化好像與女性抬頭畫上等號。因此，想要推動多元化時，大家最先想到的都是增加女性管理職或女性幹部的數目。但是，就目前我們所看到標榜數字的多元化做法之中，勉強聘用那些本來就不具有這種觀點的女性，萬一失敗了，恐怕對她們的資歷造成傷害。

此外，我們可以觀察股票上市的大企業高層，多半是六十歲以上的男性。他們不太願意配合打造友善女性，或是讓年輕人、外國人比較能夠發揮的工作環境。因爲，他們只要維持現狀二、三年，就可以退休了，何必做這種吃力不討好的事呢？

還有企業只是順應潮流，弄個多元化推廣室應付一下，這種公司也不會有任何改變。**無論如何，經營者必須要下定決心，以「經營戰略」來統**

籌規畫。在這個基礎上，在以平均時間生產力來評估的基準下，實現友善職場環境是很重要的。

增加女性創業家的想法

除此之外，經產省還開始推動與多元化相關的措施，增加女性創業家的專案就是其中之一。

承辦此專案的負責人是經產省的八木春香，她說她不僅歡迎真正的創新事業，也鼓勵街頭咖啡店或麵包店等小型事業一起參加。

日本女性的勞動力曲線圖呈現 M 字形。簡單來說，就是半數女性曾經一度就業，因結婚或生產而離開職場，等育兒告一段落後，再二度就業，所以是 M 字形的曲線。

據說在低點的育兒世代有將近三百萬人，大家預期她們會再度回到社會。事實上，儘管在家工作的方式很適合她們，但由於缺乏商業經驗，許多人都不敢貿然創業。

因此，由經產省主導，組織了日本全國各地的支援網絡，提供創業諮詢及提供經驗者建議的一站式服務。這是一個很有趣的嘗試。

認同「員工利用公司資源成長」的企業將成主流

感受到這股潮流的企業之中，有些公司發現配合公司需求的做法已經面臨窮途末路。

舉例來說，過去是Google的共同創業者、CEO，現為美國加州控股公司Alphabet CEO的賴利・佩吉（Larry Page）便再三強調：「為世界培育領導者。」

他的價值觀是認為培育世界的領導者必須優於配合公司的需求。他的立場是「員工即使離開Google，不能再為公司貢獻，仍能成為領導者，對世界有所貢獻。我們更應該積極聲援離職員工」。

日本的企業，例如日本菸草產業ＪＴ也開始嘗試新的錄用制度。簡單說，就是向應徵者傳達這樣的訊息：「歡迎員工爲自己的成長，利用公司資源。首先，要思考自己的志向，爲實現志向而選擇公司。」我相信總有一天，選擇企業的方式必定會慢慢改變。

選擇公司就像網路購物

在過去，企業與被錄用方的權力關係是不對稱的。企業端多抱持「賞份工作給你」的高姿態。但是，我預期今後雇用的溝通將逐漸變得更市場化。

以我們購物時的溝通爲例來比較會更清楚。不久前，每個人要買東西都得去商店，如果店裡沒有庫存，想買也買不到，且基本上就是依照商店的標價購買。

但是，現在我們不必親自去商店，在網路上就可以輕鬆買到東西。假設要買一個枕頭，還可以貨比三家，選擇最便宜的店家。網路上評價差的商品就會被淘汰。商店和消費者的關係變得比較對等。

黑心企業將逐漸曝光

公司的錄用制度也正在朝這個方向改變。

口碑調查網站 Vorkers（https://www.vorkers.com）將「員工、前員工」上網分享有關「年薪、待遇」或「職場環境」的評價、評論公開。只要以你知道的企業名稱搜尋，瞬間就可以看到數據化的評價。

想要轉職的人，可以參考這些資訊，評估自己是否想要在這家公司工作。因爲透過網頁，黑心企業也會逐漸曝光，他們將很難再用現行的制度招聘到人才。

現今認同副業、兼職的公司增加了。Cybozu 公司＊是代表性的例子。Cybozu 公司稱「副業」爲「複業」，他們積極鼓勵員工兼職。只要沒用到 Cybozu 的資產（例如，公司名或業務時間等），從事副業不需要公司的認可，也不必報備。

Cybozu社長室數位商業製作人中村龍太，除了在Cybozu工作之外，同時也是農業生產法人NK Agri的員工及合作代表，還有人不只兼兩份工作，甚至還擁有三種身分。二〇一七年更實行複業錄用，也就是接受來Cybozu兼職的員工。同時，也推出在家上班或自我成長休假制度、帶孩子上班制度等等，結果離職率從二〇〇五年的二八％，降到四％以下。

應徵者在自我推薦之前，公司必須先自我推薦。就業或轉職的方式有如此大的變化是很正常的。

---

*以提供雲端群組軟體及工作改善服務爲主軸的日商企業。日本市占率第一、東證上市，服務據點遍布全球，台灣也有據點，中文名爲「才望子台灣」（https://www.cybozu.tw/）。

讓員工實現公司戰略所不可或缺的事

人事顧問公司提供的服務多半是「配合公司需求的諮詢」。簡單說，就是配合「想縮減成本」「想發展國際化」之類的戰略，提供錄用方針或成立團隊的建議，或提供領導力的培養課程。

但是，我的態度恰好相反。我認爲要先考量「如何優先達成個人的自我實現」。首先，公司應該先支持員工去實現自我，如此他們才能實現公司的戰略。

美國的現代思想家肯恩．威爾伯（Ken Wilber）主張萬物是由無限個「全子」（Holon）所構成。全子是一個獨立的個體，也同時是更大主體的一部分。

而我的詮釋是，我們自己是一個全子，三個人組成的團隊也可以是全子；一個部門可以是全子，一家公司、一個社會、一個宇宙也都是全子。

以棒球或足球之類的團隊運動爲例，比較容易理解。團隊得勝就代表隊員都能獲得充實感嗎？並不見得。

各個隊員都充分發揮潛力，爲團隊做出貢獻。如此才會有充實感，同時也能提升團隊的實力。

換成公司組織來思考也是一樣的道理。正因爲每一個員工都能實現自我，才能帶動公司的發展。

升遷是目標？你的職業生涯只仰賴公司？

「自我實現」和「自我啓發」在語意上有些微不同。自我啓發以自我成長爲第一。說得難聽一點，就是以自我爲中心的思考方式。力求自我實現的人並非以自己的成長爲一切。**他們很清楚自己的創意或潛力有限，必須與他人合作才能提高創意或潛力的表現**。這不就是自我實現的精髓嗎？

每個人實現了自我，從個人到團隊，從團隊到公司，從公司到整個社會，終將促成巨大的成就。自我實現是爲了自己，同時也是爲了團隊，爲了公司，爲了社會。

令人遺憾的是，上班族努力的目標幾乎都是自我啓發，而不是自我實現。他們只是想從股長升課長，從課長升部長。也就是說，在局限的角色中朝下一個階段努力。因爲，每一步都是爲了配合公司的需求，與自我實現背道而馳。

我們應該要重視的不是在被賦予的角色中成長。如何讓自己的潛力開花結果，如何對周圍產生影響，才是應該思考的問題。

你願意成爲帝國風暴兵嗎？

我常有機會在學生求職活動的講座上發表演說，有一件事讓我印象深刻。

一個女學生來找我哭訴：「我應徵好幾家公司，到現在都還沒有一家願意雇用我。其他人好像都已經有著落了，只剩下我，我實在很擔心，到底該怎麼辦才好？」

我對她說：「那妳就不要參加那個求職活動啊！」

她一臉不可置信，可能是期待我能給她什麼就業的建議吧？而我竟然要她「乾脆不要參加求職活動」，她當然會嚇一跳了。

我並不是想說「不工作沒關係」。我想傳達的是「路不是只有一條」。說的更多一點，我希望她能知道「還有一個方法，就是自己創造一條路」。

我從波蘭的大學畢業時，沒想過「找工作」。當然，我也可能進到某個企業去上班。但是，波蘭和日本不同，沒有在同一個時期獲得職缺，畢業馬上可以去上班的這種就業制度。

來日本之後，聽聞大學生都一起參加求職活動，讓我覺得很驚訝。**這種錄用方法也只有日本人才想得出來**。一起進公司，一起參加同一個研習課程，然後分發到各個職場。假設一家工廠一口氣錄用兩百人，如果是《星際大戰》裡的帝國風暴兵，還勉強可以理解（笑）。全體一起研習，訓練能夠從事同質性工作內容的人才，這樣的確比較有效率。

但是，爲什麼現在，連白領上班族都適用這樣的思維了呢？

白領上班族的工作依部門而有所不同，而且學生一定比資深員工更熟悉科技既然如此，這種一起錄用、一起培訓的制度應該是沒有效果的。

大家必須在同一個時間點就業，接受這件事就表示自己願意任憑公司處置了。

也有人主張「在日本，不是社會新鮮人就很難找到工作」，這種想法是真的嗎？**刻意整批錄用社會新鮮人的，主要都是大企業的傳統菁英。新創公司或中小企業隨時都歡迎優秀人才。**

藤川希是立命館大學的學生，我是在兩年前認識她的，她當時在創業家研討會Slush Asia上當志工。她特地從關西搬到東京來，在我經營的Pronoia Group實習，後來加入培育創業家的MAKERS UNIVERSITY組織，在二〇一七年創業，成立人才仲介事業。現在還同時在學習成為創投資本家。

「大學畢業沒進到大企業工作，就覺得人生完蛋的人眞傻。妳只要有心，自己就能工作，去創業或是到中小企業就業也是一條路。妳應該要有更柔軟的想法。」我對先前在那個求職活動講座上遇到的女孩這麼說，幸好她一點就通，樂觀地回我：「我從來沒有這麼想過。現在我覺得充滿勇氣了。太感謝您了。」

只有現存的路徑可以生存——對此深信不疑才是對自己最大的阻礙。

未來領導時代的人會用自己的力量拓展自己的路。我希望想要就業或轉職的人，首先必須有這樣的自覺。

而且，**企業方或許也應該要思考，太拘泥於整批錄用社會新鮮人，可能會錯失優秀的人才**。像曾經排除萬難成立事業、最後放棄而選擇就業的人，又或者是一畢業沒有去求職，而是先到世界各國四處打工賺錢的人，網羅上述這些各種背景的人，公司不是比較有革新的機會嗎？

分辨創造性人才之前應該做的事

我曾經和某間企業的人事部，一起參與規畫、修訂人事制度的專案。那時，我聽到這個企業有志創新，爲此多方摸索人才招聘、培訓等制度。專案成員有公司的內部員工，也有外聘人員，除了我的公司之外，還有其他顧問企業的成員加入。

專案負責人是人事部長，他認爲公司有必要招聘、培訓創造性的人才，他問我們這些外部人員：「有創造力的人是怎樣的人？是那種『樹大招風』型的嗎？該怎麼分辨創造性人才呢？」

我回答他：「部長，您想太多了吧。講這麼多也不一定找得到創造性人才喔。」

「第一印象」與「工作成果」毫無關係

創造性人才可不是用類型來判斷的。

純粹是一些人做了創造性的事，事後才被稱爲「創造性人才」而已。換句話說，我們無法從類型來判斷人才，只能看他是否做了什麼創造性的事。

以第一印象來說，社交圓融、對自己的主張侃侃而談的人看起來好像蠻有創造性的。但是，聘用這種類型的人，結果也可能不如預期。

先前說過Google的工程師之中，有那種無法直視別人眼睛的「溝通障礙」型領導者。他們無論是擔任工程師或領導者都非常適任。我也見過一些平常不愛說話、不太主張自我的人，卻在不知不覺間，進行創造性的工作。

但話說回來，也不能就這樣斷言不善溝通的人就是有創造性的類型。

以框架來判斷人，常常會遺漏重要的訊息。例如以「ＩＱ測驗」爲指標，ＩＱ排在總人口前二％的人，便能獲准加入門薩國際協會（MENSA International）。

說眞的，我不認爲ＩＱ測驗有什麼價值。對加入門薩的人，我也不感興趣。

說穿了，ＩＱ測驗就是邏輯思考的測驗，善於邏輯思考的人就可以得高分，僅此而已。

加入門薩與創造新價值、產生創新變革、成爲創業家獲得成功等成就都毫不相關。換句話說，就算是門薩會員，也不能說就有工作能力。

重要的是，與其追求鑑別創造性人才的方法，還不如**趁早營造適合創造性工作的「環境」，讓人才可以大展身手**。再從中發掘實際從事創造性工作的人，趕緊聘用才是唯一的方法。

人才無關學歷與外貌，全靠結果判斷

最近有很多學生表示希望來我的公司實習。對於有志實習的學生，我盡可能都來者不拒。「我們現在正在規畫活動，你可以先來幫忙嗎？」我對來洽詢的學生都這麼說，藉此觀察他們適不適合。

有一次我帶了三個實習生到活動現場，遇到參加者問起：「貴公司的實習生都是女孩子呢，有什麼特別的理由嗎？」

經他這麼一問，我才發現帶來的三個實習生都是女孩子。但是我並不是因爲她們是「女性」而錄用。

事實上，我有很多錄用男生的機會。

曾經有一個男生明確表示想創業，我便要求他「先試著寫一個招募一百人的活動企畫」，結果他什麼都沒準備。

還有一個男生，我對他說：「請先看看我和實習的女孩子開會的樣子。

下次開會，換你跟她溝通，我再判斷你跟不跟得上……」沒想到他竟然問我：「那個女生可愛嗎？」

我一瞬間不敢相信自己的耳朵。爲什麼要問實習的女生可不可愛？我決定把這件事問清楚。結果他告訴我，因爲他想在實習的時候順便找女朋友。我眞是瞠目結舌。

在這個提倡多元化的時代，我都錄用女實習生，的確有可能被誤解爲「這間公司是不是偏袒女生」？但是，我覺得無所謂。

我想看的是實習生能不能完成工作而已。「不管男生女生，我都請他們來活動幫忙，結果表現好的是女生。所以就錄用她們了」，如此而已。

人才的鑑別方法很簡單。一起工作，看對方有沒有能力而已。這與外貌、談吐或說話聲調都沒有關係，表現積極或消極也不太要緊。

身爲領導者，不要只看成員的長相或履歷來判斷，只需要以實力決勝負就好。請千萬不要忘記這個原則。

爲了持續幸福的工作，職場還欠缺的事

不認眞回顧過去就看不到自己希望掌握的未來。

今天做了什麼？感覺到什麼？學會了什麼？

現在的工作之中有什麼開心的事？有什麼不開心的事？

很多人都沒有這種整理自己思緒的習慣吧？我常看到有人沒有整理思緒，只會成天喊著「現在的工作好煩」。

對自己提問相當關鍵。人就算什麼都不做，也會每天成長。即便只是一％的成長，回顧過去就能清楚認知；認知到自己的成長，才能提升自信。如此，一年將累積超過三十七倍的成長。唯有對自己的過去感到驕傲，才能勾勒未來。

常有人說「這又不是什麼偉大的成功……」，日本人都太在乎偉不偉大了。偉大的願景固然重要，但是生活中每一刻都可能發生魔法，累積起來才有現在的自己。

再小的成功，也都是辛苦熬過來的，回想這些經驗和情緒，歸納整理之後，才能看見未來。

五個必要階段

想要持續幸福工作，必須經歷以下五個階段：

1. 自我認識
2. 自我展示
3. 自我表現
4. 自我實現

5. 提升自我效能

1就是我剛說明的「回顧」。

2是用言語向對方傳達自己勾勒的未來或理想，即是「我希望成就的事」。

接著，透過3和4，以自己希望的方式表現或實現自我之後，得到他人的感謝或肯定，5的自我效能就自然提升了。自我效能就是相信「自己做得到」。

我的說法或許比較難體會，簡單說，就是藉著對自己提問來深入思考。

- 自己希望從工作中得到什麼？
- 爲什麼希望得到？
- 做什麼事情能讓你「有成就感」？
- 爲了有「成就感」，現在還欠缺什麼？

想想看這些問題。

日本人的1自我認識和2自我展示普遍不足。日本人本來就是世界上最不懂自我認識和自我展示的民族。在Facebook的個人資料上，貼上貓咪或咖啡店照片的人很多，這也顯示出缺乏自我展示的能力。有人發出交友邀請，顯示的卻是貓咪照片，會讓人不解「這是誰」？

自我認識和自我展示在這個時代是不可或缺的。

日本最近流行「改革工作方法」，卻完全忽略這兩項，全都著眼於制度。辦公室不設固定座位、允許帶筆電到咖啡店工作、八點一到辦公室就熄燈……。

這些措施只不過是改革的一小部分，必要的是個人的「自我認識」和「自我展示」。不清楚自己是什麼樣的人、自己想要做什麼，怎麼可能實現自我呢。

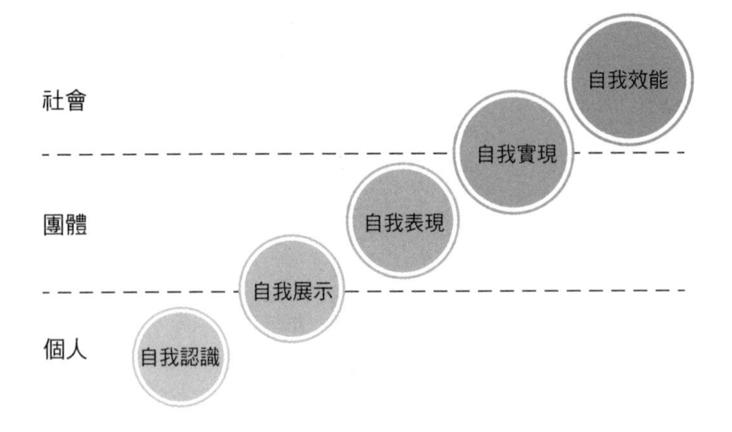

日本職場沒有自我展示空間

關於自我展示，我有太多想講。日本的職場沒有讓員工可以安心自我展示的空間。沒有環境可以讓每個人好好地說說自己在工作上面臨什麼問題，又該如何解決。

公司不營造整體環境，光是完善制度，有什麼意義？這實在令人費解。

許多人三杯黃湯下肚，才說得出自己「想這麼做」「想要那樣」，清醒的時候什麼也不敢說。不喝酒就不敢聊自己，這就是日本的現況。

日前我與某大企業的局長會面，

連他都說「我在公司絕對不敢跟上司講眞心話」。局長都這麼顧慮了，底下的員工當然不敢自我展示啊。

「女性上司」才是最難諮商的對象？

沒有可以安心自我展示的空間，這一點男女皆是，但女性尤其困難。我平常參加以上班族爲對象的講座或社群活動時，現場都會有女性來找我諮詢。

職場的人際關係、待遇、轉職、結婚……什麼問題都有。她們爲什麼都找我？我也不懂，但仔細聽她們的心聲才知道「這些事情可以跟彼優特講，對女性上司卻說不出來」。換句話說，她們敢對我這個「怪怪的外國人」自我展示，卻不敢對女性上司開口。

其實她們也曾經找女性上司諮商，得到的回應卻是「我們也是辛苦熬過來的，妳們繼續努力就對了」，之後她們便不再找她訴苦了。

女性上司理應是女性最容易放下心防傾訴的對象，沒想到竟然最難以接近。原因應該與她們過度抱持必須「像男人」才能當上主管有關吧。

該如何營造能夠「自我展示」的環境

那麼該如何營造「自我展示」的環境呢？

引導別人展示自我的訣竅是「問出好問題」。問題只有兩種：「浪費時間的問題」和「改變人生的問題」。要讓對方順利地展示自我，就是重複提出後者類型的問題。

例如，有人老是抱怨學弟都不聽自己的話：

「你就是希望學弟能多聽你說話嗎？」

「你曾經試過什麼方法，讓對方聽你講話嗎？」

「好，那我們想點辦法。」

以這樣有建設性的方式對談下去。

一直提問，直到對方最後終於想通，能夠對學弟具體說出「請〇〇」的內容爲止。

也就是說，提問最重要是，讓對方根據自己的信念或價值觀，想像什麼才是理想狀態，沉浸在「你希望怎麼做」的問題中。

善於引導對方展示自我的人，是能夠透過對話，讓對方在離開時感覺到自己好像得到了什麼好禮物。將「抱怨學弟」變成「拜託學弟」，這就是送給他最好的禮物。但事實上心裡有這種念頭的人，少之又少。

「自我展示」是管理技術

自我展示是一種管理技術。**日本職場之所以在自我展示尚無法進步的原因之一是，管理者缺乏管理技術**。在大部分的日本企業，上司對團隊成員一年只有一次到兩次類似期末評量的一對一面談機會。

而且，他們對團隊成員平時的工作成果不太有概念，所以安排面談也聊不到重點。

這個問題說到底就是兩個原因造成的：我們每個人的「自我認識」不足，以及日本職場裡沒有令人可以安心的「自我展示」空間。

後記

一起創造二〇五〇年的世界

出生以來，你一定經歷過挫折，而你現在應該懷抱著什麼夢想吧？未來不可預測，但可以創造。我現在的人生，是冷戰時期在貧困環境中成長的我從來沒有想像過的，卻是現在的我自己創造的。

期待的二〇二〇年即將到來，對未來必須要有更遠大的志向。我們要做的事多如牛毛，仔細觀察，你會發現那些尚未解決、卻持續惡化的問題。

- **環境問題**：我們正在消費的資源相當於地球再生能力的一．五倍。
- **貧富不均**：財富金字塔頂端一％的人擁有超過九〇％人口的總財產。
- **財政問題**：物理性的（物品）國際貿易額二十兆美金，不到外匯交易總額的一．四％。

- **所有權問題**：我們擁有的財產幾乎都沒有用之於社會。
- **技術使用問題**：技術或科技並未全面性地解決社會問題，只能解決眼前的問題。
- **統治問題**：調整機制與巨大的社會問題分離。
- **領導力問題**：決策者與受決策影響者分離。
- **性別歧視**：女性尚未享有足夠的權利。
- **消費者主義問題**：消費不能增加健康和幸福。
- **性犯罪問題**：性教育不足造成色情行業、賣春、性虐待的增加。
- **教育問題**：現有的教育制度跟不上時代，不能培養未來的人才。

最後我希望讀者能花時間仔細想想，在上述問題沒有改善的狀況下，我們的孩子將會活在什麼樣的世界？我們自己年老後的人生又是如何？

自我實現就是留下自己的遺產。為了幸福的人生，Give 和 Take 必須平衡。你想（藉由工作）爲世界帶來什麼？又想（藉由工作）從世界得到什麼？對此清楚而確定的人，就叫做新菁英。

首先，先想想你能 Give 什麼。

1. 你的熱情是什麼？（你現在熱衷什麼？）
2. 你的願景是什麼？（你想看到什麼樣的世界？）
3. 你的使命是什麼？（你想做什麼？）
4. 你的野心是什麼？（你的具體方法和期限是？）
5. 支持你的人是誰？（誰能支持、贊助你？）

接著再好好思考 Take。

1. 你想藉由工作獲得什麼？

2. 為什麼得到這個很重要？（提問三個「為什麼」的深入問題。）
3. 什麼能讓你說出「我做得很好」？
4. 為什麼選擇了（正在選擇）現在這個工作？
5. 去年的工作和今年的工作有什麼關連？
6. 你最大的優勢是什麼？
7. 身邊的人都怎麼支持你？

即使現在沒有答案，也請持續自問自答。總有一天，你一定會找到答案。

讀完本書還有興趣的讀者，歡迎到以下的連結繼續關心。

Facebook／Twitter @piotrgrzywacz 或是 www.piotrgrzywacz.com

讓我們一起改變世界。

有關本書中介紹的四種能量，我在未來即將出版的書籍中，請參考

《Google流 不會疲勞的工作方法》（Google流 疲れない働き方）；關於會議營運，可以參閱《日本人不懂的會議鐵則》（日本人が知らない会議の鉄則），與日本的女性相關的《日本女性是最強的生物》（日本の女性は最強の生き物）；在正念療法方面，《創造世界標準的「心智」》（世界基準の「メンタル」を作る）。歡迎大家撥冗閱讀。

最後，我要感謝執筆期間提供協助的各位：蒼井千惠、石山杏樹、海野優子、片貝朋康、川嶋一實、岸本有之、鈴木繪里子、鈴木円香、Gustavo Dore Rodrigues、小宮澤奈代、佐藤博、佐藤友理、坂井萌、澤田智裕、世羅侑未、竹中花梨、鍋倉遙、沼田尚志、西本留依、中村正敏、中村龍太、藤川希、星野珠枝、八木春香、渡邊貴紀。謹在此致上由衷的感謝。

彼優特・菲利克斯・吉瓦奇

二〇一八年一月

www.booklife.com.tw reader@mail.eurasian.com.tw

商戰 198

未來最需要的新人才：
摩根士丹利、Google培訓師的職場能力開發建議

作　　者／彼優特・菲利克斯・吉瓦奇
譯　　者／蔡昭儀
發 行 人／簡志忠
出 版 者／先覺出版股份有限公司
地　　址／台北市南京東路四段50號6樓之1
電　　話／（02）2579-6600・2579-8800・2570-3939
傳　　真／（02）2579-0338・2577-3220・2570-3636
總 編 輯／陳秋月
資深主編／李宛蓁
責任編輯／林亞萱
校　　對／蔡忠穎・林亞萱
美術編輯／林韋伶
行銷企畫／詹怡慧・黃惟儂
印務統籌／劉鳳剛・高榮祥
監　　印／高榮祥
排　　版／杜易蓉
經 銷 商／叩應股份有限公司
郵撥帳號／ 18707239
法律顧問／圓神出版事業機構法律顧問　蕭雄淋律師
印　　刷／祥峯印刷廠
2019年11月　初版

定價 290 元　ISBN 978-986-134-350-1

未來的工作模式是創造性經濟的階段，得以在這個時代生存的人才和企業，是那些從無到有，創造出新價值的人們，他們需要熱情、創造性和搶得先機。

——彼優特．菲利克斯．吉瓦奇，《未來最需要的新人才》

國家圖書館出版品預行編目資料

未來最需要的新人才：摩根士丹利、Google 培訓師的職場能力開發建議／彼優特．菲利克斯．吉瓦奇（Piotr Feliks Grzywacz）著；蔡昭儀 譯．
-- 初版．-- 臺北市：先覺，2019.11
304 面；14.8×20.8 公分 --（商戰；198）
ISBN 978-986-134-350-1（平裝）

1. 職場成功法　2. 自我實現

494.35　　108016008